Eugen Unger & Bernhard Meising

Inspirierende Führung

Ein Workbook für eine zukunftsfähige
Führungs- und Unternehmenskultur

Eugen Unger & Bernhard Meising

Inspirierende Führung

Ein Workbook für eine zukunftsfähige Führungs- und Unternehmenskultur

Frankfurter Allgemeine Buch

Bibliografische Information der Deutschen Nationalbibliothek
Die Deutsche Nationalbibliothek verzeichnet diese Publikation in der Deutschen Nationalbibliografie; detaillierte bibliografische Daten sind im Internet über http://dnb.d-nb.de abrufbar.

Hinweis
Wir glauben an Fairness für alle. Ausschließlich um die Lesefreundlichkeit unseres Textes zu verbessern, wird jedoch an einigen Stellen entweder die männliche oder die weibliche Form bei Personenbezeichnungen und personenbezogenen Hauptwörtern gewählt. Im Sinne der Gleichbehandlung gelten entsprechende Begriffe grundsätzlich für alle Geschlechter. Die von uns gewählte Sprachform beinhaltet keine Wertung, sondern hat lediglich redaktionelle Gründe. Personen aller Geschlechter mögen sich von unseren Überlegungen gleichermaßen angesprochen fühlen.

Frankfurter Allgemeine Buch

Frankfurter Allgemeine Buch
Pariser Straße 1
60486 Frankfurt am Main

Umschlag: Saulo Santana
Satz: Nina Hegemann
Druck: CPI books GmbH, Leck
Printed in Germany

1. Auflage
Frankfurt am Main 2023
ISBN 978-3-96251-151-7

Frankfurter Allgemeine Buch hat sich zu einer nachhaltigen Buchproduktion verpflichtet und erwirbt gemeinsam mit den Lieferanten Emissionsminderungszertifikate zur Kompensation des CO_2-Ausstoßes.

Inhalt

Einführung

*Management is about persuading people to do things
they do not want to do,
while leadership is about inspiring people to do things,
they never thought they could.
Steve Jobs*

Alles begann mit einer Frage. In einer Zeit, in der alle von einer neuen Normalität sprechen, in der alte Gewohnheiten keine Sicherheit bieten, in der Gewissheiten schneller verschwimmen als sie entstehen und die Irritation Dauerzustand ist, helfen Fragen, sich zu fokussieren. Fragen stimulieren das Denken, zuweilen sogar in eine neue Richtung. Wir hätten uns daher über die Frage freuen sollen. Sie hätte unsere Neugier wecken sollen. Für uns kam die Frage allerdings überraschend, weil sie mit voller Wucht unser Selbstverständnis, wie Organisationen funktionieren, ins Wanken brachte. Dabei kam die Frage so unscheinbar daher: Braucht es heute noch Führungskräfte in Unternehmen?

Bevor Sie sich spontan auf eine Seite schlagen und dafür gleich zahlreiche Gründe heranziehen, lassen Sie uns die Frage ein wenig umformulieren, dann wird es interessanter. Unter welchen Bedingungen wäre Führung im klassischen Sinn überflüssig? Wir bieten Ihnen einmal zehn Attribute einer Unternehmenskultur an, die Führung obsolet werden lässt.

1. Wäre es nicht erstrebenswert, wenn die Mitarbeiter aus freien Stücken ihr Bestes für den Erfolg des Unternehmens geben würden und dabei auf politische Spiele zum eigenen Vorteil und auf Kosten von anderen verzichten würden?

2. Wäre es nicht hilfreich, wenn alle eine klare, gemeinsame Vorstellung von der Zukunft des Unternehmens hätten und sich nicht ausschließlich im Klein-Klein des Tagesgeschäftes verlieren würden?
3. Wäre es nicht unglaublich motivierend, wenn jeder und jede auf seine oder ihre Weise, die Arbeit als sinnvoll erleben würde, statt sich von Feierabend zu Feierabend, von Wochenende zu Wochenende, von Urlaub zu Urlaub bis zur Pensionierung zu schleppen?
4. Wäre es nicht großartig, wenn alle im Team einen gesunden Ehrgeiz verinnerlicht hätten, die Dinge jeden Tag ein bisschen besser zu machen und nicht in der Routine verharren oder einfach nur in Ruhe gelassen werden wollen?
5. Wäre es nicht ermutigend, wenn die Mitarbeiter Freiräume engagiert zur Gestaltung nutzen und sich nicht bei Führungskräften rückversichern würden, ob links oder rechts der richtige Weg ist?
6. Wäre es nicht zu wünschen, dass sich alle für die Kunden starkmachen, ohne die es keine Unternehmen gäbe, und nicht nach der Stellenbeschreibung fragen, wenn der Kunde ein Problem außer der Reihe vorbringt?
7. Wäre es nicht stimulierend, wenn im Unternehmen ein warmes, herzliches Klima herrschen würde, wo miteinander und nicht gegeneinander gearbeitet wird, vielleicht sogar mit einem Lächeln im Gesicht?
8. Wäre es nicht belebend, wenn in den Köpfen eine Menge Zuversicht vorhanden ist, um auch mit schwierigen Marktsituationen positiv umzugehen und nicht Zynismus gepflegt wird, der jede Initiative erfolgreich im Keim erstickt?

9. Wäre es nicht vorteilhaft, wenn jede und jeder im Unternehmen sich daran erfreuen könnte, andere auf ihrem Weg zu unterstützen und nicht das eigene Ego in den Vordergrund stellen müsste?
10. Wäre es nicht unfassbar bereichernd, wenn alle ihre Potenziale entfalten, in dem sie voneinander und miteinander lernen und nicht Gleichgültigkeit praktiziert wird oder eine Haltung, kann ich schon, bin ich schon, weiß ich schon?

Sie werden überrascht sein. Es gibt sie tatsächlich, Unternehmen oder Abteilungen, in denen die beschriebene Kultur gelebt wird. Wo mit Kopf, Herz und Hand aktiv an einer gemeinsamen Zukunft gearbeitet wird. Trotz oder ohne den dominanten Einfluss von Führung. Dabei müssen wir nicht die üblichen Verdächtigen wie das Orpheus Chamber Orchestra oder Buurtzorg heranziehen. Wir wissen aus unserer Praxis, dass diese Art der Zusammenarbeit möglich ist, wenn alle ihren Beitrag dafür leisten. Dann und nur dann würden wir die Frage, ob es Führungskräfte in Unternehmen noch braucht, freudig verneinen. Führung hat dann das Ziel der Selbstführung erreicht und sich selbst erfolgreich überflüssig gemacht. Was übrigens weniger heroisch gemeint ist, sondern im Ergebnis sehr befreiend und befriedigend sein kann.

Solange Sie jedoch in Ihrem Unternehmen begründete Zweifel haben, ob diese Kultur bereits existiert, sollten Sie auf Führung noch nicht verzichten. Selbstverständlich hat uns diese Antwort aber nicht zufrieden gestellt. Denn jetzt wird es überhaupt erst spannend. Wenn wir von der These ausgehen dürfen, dass die oben beschriebene Kultur für Sie ein attraktives Ziel wäre, dann drängt sich die Frage auf, was können Sie tun oder nicht tun, um ein solches Handeln der Mitarbeiter wahrscheinlicher werden zu lassen?

Da Führung immer ein Zusammenspiel von Haltung und Handeln ist, blicken wir erst einmal auf Ihre Haltung. Wie schauen Sie auf andere? Henry Ford wird der Gedanke zugeschrieben: Eigentlich brauche ich nur zwei hilfreiche Hände, blöderweise hängt ein Mensch dran. Sind Menschen für Sie „Werkzeuge" zur unternehmerischen Zielerreichung, wie das ein Geschäftsführer einmal formulierte? Quasi eine geduldete, mögliche Störquelle, die man bestenfalls hinnimmt. Oder besitzen Menschen für Sie ein Eigenrecht, eine Würde, welche all Ihren Mitarbeitern zusteht? Nur dann wird ein Umgang auf Augenhöhe und nicht von oben herab möglich sein. Nur dann verstehen Sie Ihr Handeln als Dienst am anderen und für andere. Nur dann akzeptieren Sie wirklich, dass Ihr Erfolg ausschließlich der Erfolg Ihrer Mitarbeiter ist. Wir formulieren das deshalb so klar, weil wir keine falschen Erwartungen wecken wollen. Wir versprechen Ihnen eine Vielzahl praktischer Angebote auf der Handlungsebene, aber wenn Menschen nur Mittel für Ihre Zwecke sind, dann werden unsere Angebote letztlich umsetzungsfrei bleiben.

Kommen wir zur Handlungsebene und der Frage, was Führung in Zeiten digitaler Revolution kennzeichnet. Führung findet immer im Kontext technischer Entwicklungen, struktureller Rahmenbedingungen und gesellschaftlich gewünschter Erwartungen statt. Ohne diese beeinflussenden Faktoren zu berücksichtigen, bleibt Führung wirkungslos. Am 11. März 2020 erklärte die WHO die bisher in China grassierende Epidemie offiziell zur weltweiten Pandemie. Die Auswirkungen kennen wir alle. Schmerzhaft, verstörend und radikal. Man könnte von einer Zeitenwende sprechen, denn dieses Ereignis hat der digitalen Transformation in den Unternehmen einen bisher nicht gekannten Schub verliehen. Unsere Zusammenarbeit in Unternehmen hat neue Erscheinungsformen bekommen.

Moin Max, wie ist das Wetter in Wien? ... Frauke, Dein Mikro ist noch auf stumm ... Kann jemand mal Christoph anpingen, vielleicht hat er die Mail nicht bekommen ... Susi, toller Bildschirmhintergrund ... Steven, hast Du noch die Abdeckung vor Deiner Kamera, ich sehe nur ein schwarzes Bild ... Louise, wie war gestern das Jazz Konzert im Club Étoile? ... so, ich glaube alle sind on air, können wir? Herzlich willkommen in der virtuell vernetzten Arbeitswelt. Immer mehr Unternehmen ermöglichen ihren Beschäftigten zeit- und ortsunabhängiges Arbeiten. Begegnungen finden häufig nur noch im virtuellen Raum statt – mit all den praktischen Vorzügen der Flexibilität und all den Herausforderungen der Entfremdung.

Diese und weitere Entwicklungen werden gern unter dem Begriff New Work zusammengefasst, der gar nicht so neu ist. Bereits vor über 40 Jahren beschäftigte sich der Sozialphilosoph Frithjof Bergmann damit, wie man Berufung und Arbeit zusammenbringen kann und gründete Zentren für New Work. Das aktuelle Verständnis des programmatisch gemeinten Begriffes hat sich von seinem Ursprungsgedanken weit entfernt und umfasst heute Begriffe wie Empowerment, Selbstorganisation, Agilität, Nachhaltigkeit, Arbeit 4.0 und vieles mehr. New Work sollte mittlerweile eher als work different verstanden werden. Die Welt ist vielfältig und die Arbeitsformen sind es auch. Unternehmen probieren aus, starten Experimente, irren sich vorwärts und befinden sich, was die Organisation der Arbeit betrifft, auf einer Reise, deren Endpunkt nicht absehbar ist. Verbunden mit einem veränderten Selbstverständnis auf Seiten der Mitarbeiter, wie zum Beispiel der Vereinbarkeit von Beruf und Familie, sowie einem dramatischen Arbeitskräftemangel auf allen Ebenen, entstehen für Führungskräfte neue Anforderungen, die mit gewohnten Mustern nicht sinnvoll zu beantworten sind. Das ist der Rahmen unserer Überlegungen.

Ausgehend von der Annahme, dass in den meisten Unternehmen für Führung noch Bedarf herrscht, dreht sich für uns alles um die Frage, welche Art Führung es braucht, die

1. den aktuellen Entwicklungen und Rahmenbedingungen entsprechend gerecht wird,
2. sowohl Haltung als auch Handlung von Führenden orientiert sowie
3. eine Kultur möglich werden lässt, in der Führung zurückhaltend wirken kann.

Unsere Antwort halten Sie in der Hand, inspirierende Führung. Salopp formuliert ist das unsere kürzeste Antwort auf die Frage, was Führung in einem New Work Design leisten kann und soll. Wir wissen selbstverständlich nicht, was dieser Begriff „inspirierend" in Ihnen auslöst. Vielleicht denken Sie an inspirierende Erfahrungen, die Sie gemacht haben: „Ja! Genau! Das ist das, was ich bei der Chefin oder dem Chef mal erlebt habe! Die waren immer so enthusiastisch und voller Ideen – das hatte etwas Mitreißendes..."

Vielleicht kommt Ihnen das Wort „inspirierend" etwas abgehoben vor, weil Sie es eher mit Kunst und Künstlern verbinden, als mit Ihnen selbst – und Sie denken: Mein Alltag hat doch nichts mit Inspiration zu tun, ich mache hier einfach meine Arbeit – und das gut.

Vielleicht wissen Sie selbst sehr genau, wie es ist, sich inspiriert zu fühlen – aber Sie fragen sich, wie man das jetzt auf andere übertragen soll? Vielleicht haken Sie das Thema einfach ab: „Weißt du, entweder man wirkt inspirierend auf andere – oder nicht. Das kann man sich doch nicht vornehmen!“ Oder Sie sind schlicht empört: „Inspirieren?! Geht’s noch? Was bitte soll ich denn sonst noch alles machen? Vielleicht einen Kopfstand…?“

Okay, die letzte Variante ist etwas übertrieben. Das Konzept wird zugänglicher, wenn man das Wort Inspiration einfach als eine Art Oberbegriff für alle Aktivitäten versteht, mit denen man das Interesse und das Engagement anderer weckt oder erhält. Jemand fühlt sich inspiriert, wenn er oder sie Lust bekommt, bei einer Sache mitzumachen, wenn jemand Spaß daran hat, Ideen zu entwickeln, mit anderen zusammen etwas auf die Beine zu stellen und sich dabei als erfolgreich erlebt. Inspirierende Führung bewirkt, dass andere aus sich selbst heraus ihr Bestes geben wollen.

Was muss man dafür tun? Leider gibt es kein Rezept, das man einfach befolgen kann. Wir sind unterschiedliche Persönlichkeiten. Aber es lassen sich einige Faktoren finden, die für alle von Bedeutung sind. Jede Führungskraft muss letztlich ihren eigenen Weg finden. Aber jeder Weg beginnt am besten damit, dass man auf solche Faktoren aufmerksam wird und sich aufrichtig fragt, welche Wirkung man selbst entfaltet – oder nicht. Und welche Wirkung andere entfalten. Schließlich kann man von jedem lernen! Inspirierende Führung ist hellwache Selbst- und Fremdreflexion.

Und dann muss man experimentieren! Entwicklung findet nur statt, wenn man nicht weitermacht wie bisher, sondern etwas Neues ausprobiert und dabei vielleicht auch neue Seiten an sich selbst entdeckt. Inspirierst du schon oder führst du noch wäre die ermutigende Aufforderung, um Neuland zu betreten oder wenigstens traditionelle Muster zu überdenken. Für die Arbeit an diesem Buch war es uns wichtig, die alltägliche Unternehmensrealität nicht aus den Augen zu verlieren. Es geht uns nicht um ein Idealbild, sondern darum, was wirklich erreicht werden kann. Daher haben wir zahlreiche Gespräche mit erfahrenen Führungskräften und Unternehmern in Top-Positionen geführt, als „reality check" gewissermaßen. Da ist zunächst natürlich die Frage interessant, wer oder was sie selbst auf ihrem Weg nach oben inspiriert hat.

Carina Kozole, Leiterin Risiko Management bei der HVB/Unicredit, erinnert sich an ihre erste Führungskraft: „Sie war ein echtes Vorbild. Sie hat mir einen sehr großen Vertrauensvorschuss gegeben, war immer optimistisch, auch in Krisen. Sie hat klar vermittelt, welchen Sinn unsere Tätigkeit hat – wir haben Kunden, die wir schützen müssen!"

Bei anderen gab es nicht eine einzelne prägende Persönlichkeit, aber doch immer besondere Eigenschaften, die inspirierend wirkten und die man in das eigene Führungsrepertoire übernehmen konnte. „Ich hatte nie eine Person, von der ich dachte, so will ich auch werden. Aber ich habe mich immer selbst beobachtet und mich gefragt, was ein bestimmtes Führungsverhalten bei mir auslöst", so Edna Schöne, Vorständin bei Euler Hermes.

Man kann aber auch zur inspirierenden Führungskraft werden, weil man das Gegenteil erlebt hat. „So will ich auf gar keinen Fall werden", ist ein mehrfach gehörter Satz. Hinter diesem „so" stecken Selbstgerechtigkeit und Fokus auf Eigeninteresse, cholerisches Verhalten und die ungefilterte Weitergabe von Druck, das Vorführen von Mitarbeitern vor anderen, um nur einige zu nennen.

Wir müssen uns auch die Frage nach der Wirksamkeit inspirierender Führung stellen – sowohl in Bezug auf die

Geführten als auch auf die Unternehmensergebnisse. Nicht jeder will inspirierend geführt werden. Es ist anstrengender. Man muss erst lernen, mit den Freiräumen sinnvoll umzugehen. Und: Ist es nicht völlig ok, wenn jemand „nur seinen Job macht", und den gut macht, um sich nach Dienstschluss anderen Dingen zu widmen?

Immer wieder wurde in unseren Gesprächen auf die Herausforderungen inspirierenden Führens in Großorganisationen hingewiesen. Beispiel Allianz: Wie will man ein Unternehmen verändern, das immer nur erfolgreich war? Beispiel Pandemie: In Ausnahmesituationen braucht es klare Ansagen, da gibt es oft keinen Konsens. Beispiel Deutsche Bank: Es ist nicht einfach, die Mitarbeiter des Trading Desk in New York und die der Postbank gleichermaßen zu inspirieren.

Die Internationalität, die Großkonzerne auszeichnet, erfordert auch ein Verständnis verschiedener Kulturen. So klischeehaft es klingen mag – Inspiration mag in Amerika anders empfunden werden als beispielsweise in Skandinavien. Als Top-Führungskraft sollte man einiges von der Welt gesehen haben – nebenbei bemerkt übrigens ein oftmals noch zu wenig ausgeprägtes Kriterium für Diversität.

Diverse Teams bringen unter bestimmten Bedingungen erwiesenermaßen bessere Ergebnisse. Für die Akkumulation diverser Individuen gilt dies aber nicht. Wie baut man ein Team? „Eine der wenigen Chancen, die Sie haben, ist inspirierende Führung", so Paul Achleitner, langjähriger Partner bei Goldman Sachs, Vorstand bei der Allianz und Aufsichtsratschef der Deutschen Bank.

Man könnte zu dem Schluss kommen, dass die Wirksamkeit inspirierender Führung mit der Größe und Heterogenität der Organisation abnimmt: Kleinere Organisationen spucken Schlechtleister und Zyniker viel schneller wieder aus. Für diese These spricht auch die Entwicklung von Disruptoren – Apple, Amazon und Tesla sind prominente Beispiele – die irgendwann so groß, etabliert und komplex werden, dass Hierarchien, Strukturen und Prozesse unvermeidbar werden und die Loslösung vom Gründer gelingen muss. Einer unserer Gesprächspartner wies darauf hin, dass weder Steve Jobs noch Elon Musk die Kriterien inspirierender Führung wirklich erfüllten: „Egomaniacs sind vielleicht inspirierend, aber keine Führer."

Jon Stokes würde wahrscheinlich eher von charismatischen Führern sprechen, die es in beeindruckendem Maße schaffen, Menschen dazu zu bewegen, ihnen zu folgen, allerdings um den Preis der Regression. Für langfristig erfolgreiche Unternehmen braucht es dagegen möglichst viele, die selbst denken und persönlich wachsen. Genau das leistet inspirierende Führung. Sie schafft als fortwährender Prozess Rahmenbedingungen und gibt Impulse, damit Mitarbeiter ihre Autonomie im Sinne des Unternehmens entfalten können. Im Ergebnis haben wir es dann mit einem Paradox zu tun: Führung als Inspiration, die Menschen stimuliert, Selbstverantwortung zu übernehmen, damit sie auf externe Stimulierung verzichten können.

Die Komplexität verschiedenster Anspruchsgruppen, neudeutsch Stakeholder, mit denen sich ein Unternehmen auseinandersetzen muss, hat in den vergangenen Jahren enorm zugenommen. Während die Bindungskraft anderer Institutionen abnimmt, Kirchen, Parteien, staatliche Organisationen, Vereine, so wird auf Unternehmen ein immer größeres Identifikationsbedürfnis projiziert. Dies hat wesentliche Implikationen für die Führung, die nach innen und außen sichtbar ist. Die Führungskräfte und ganz besonders der CEO werden zum maßgeblichen Faktor für die Reputation einer Organisation. Die Personifizierung nimmt zu. Die Verweildauer im Top-Job nimmt ab. Die Art der Führung wird zum wesentlichen Erfolgskriterium.

Um in einem solchen Umfeld erfolgreich zu sein, braucht es zunächst einmal Selbst-Bewusstsein im Wortsinne, d.h. sich so gut zu kennen und zu mögen, dass man viel mentale Kapazität für andere frei hat. Es braucht Glaubwürdigkeit und Kommunikationsfähigkeit. Eine gute Portion Humor schadet sicher nicht.

Wir verstehen inspirierende Führung nicht als kurzfristigen Motivationsschub, sondern als eine balancierte Methode, die nachhaltigen Unternehmenserfolg begünstigt. Je umfassender dies an der Unternehmensspitze vorgelebt wird, desto besser wird es gelingen. Aber es geht um die Wirkung von Menschen auf Menschen. Das ist nie abstrakt, sondern immer konkret – übersetzt in Verhalten. An diesem Punkt gab es einen großen Konsens all unserer Gesprächspartner. „Es braucht Menschen, die an Menschen interessiert sind. Die Lust haben, sich mit anderen auszutauschen und von ihnen zu lernen." „Es ist wie ein Orchester: Wann brauche ich welches Instrument? Jedes hat seine Bedeutung." „Diejenigen, mit denen man arbeiten will, müssen auch untereinander gut zusammenpassen: sich vertrauen und aufeinander verlassen können." „Man kann vielleicht ohne Inspiration managen, aber nicht wirklich etwas bewegen. Ohne Inspiration kommt man nicht auf das nächste Level und gewinnt auch keine Talente."

Eine weitere Erkenntnis wird von unseren Gesprächspartnern geteilt. Sie ist nicht neu, wird aber zu oft nicht genug beachtet: Führung muss man lernen und wollen. „Es geht nicht um Führung um der Führung willen, sondern es braucht Menschen, die Spaß und Lust an der Führung haben", so Carina Kozole. Marion Horn, Chefredakteurin der Bild-Zeitung, weist darauf hin, dass „Führung eine Haupt- und keine Nebenbeschäftigung" ist, Training, Weiterbildung und Auffrischung braucht. Sowie Ausdauer und Disziplin.

Wir möchten Sie mit unseren Überlegungen von Herzen anstiften, inspirierend zu führen. Auf den folgenden Seiten bieten wir Ihnen dafür, nach einer bewusst kurz gehaltenen theoretischen Einordnung, zehn Kriterien, die zeigen, wie man inspirierende Führung praktisch werden lässt. Es wird in letzter Zeit auf Kongressen viel über Inspiration gesprochen und zunehmend auch in der Forschung publiziert, aber es mangelt aus unserer Sicht an Inspiration auf der Handlungsebene. Dazu möchten wir einen Beitrag leisten.

Bitte betrachten Sie unsere Auswahl als radikal subjektiv, jedoch nicht beliebig. Die Reihenfolge, mit der wir die einzelnen Dimensionen vorstellen, stellt keine Priorisierung dar. Wir halten alle zehn Kriterien, da sie zureichend erfahrungsgesättigt sind, für notwendig. Was uns in unserer Beratungs- und Coachingarbeit seit Jahren umtreibt, ist die konkrete Umsetzung: Was funktioniert vor Ort? Deshalb sind wir dankbar für die zahlreichen Gespräche mit erfahrenen Praktikern, die wir zum Thema Inspiration führen durften, und die Möglichkeit, diese zum Teil intimen Einblicke mit Ihnen zu teilen. Nur so war es uns möglich, Ihnen das anzubieten, was man die praktische Essenz von inspirierender Führung nennen könnte.

Manche Gedanken werden Ihnen nicht gefallen. Das mag daran liegen, dass wir an der einen oder anderen Stelle etwas Sand in das Getriebe Ihres Führungsmotors streuen wollen. Natürlich nur in erkenntnisfördernder Absicht. Nutzen Sie unsere Anregungen, wie sie gemeint sind: pragmatisch. Sie werden sich sowieso nicht um 180 Grad ändern.

Picken Sie sich das, was Ihnen sinnvoll zu sein scheint, raus. Und das andere – nun, da würden wir uns freuen, wenn Sie es Kolleginnen und Kollegen zur Verfügung stellen. Vielleicht kann es dort Nutzen stiften.

Zum Schluss noch ein Hinweis: Wer passiv konsumiert, bleibt passiv. Wenn das eine oder andere Sie anspricht, und Sie nehmen sich vor, etwas davon auszuprobieren, prima. Legen Sie los. Lieber 1 % jeden Tag, das aber über 300 Tage. Früher hat man Knoten in Taschentücher gemacht, heute gibt es zahlreiche Apps, die Ihnen als Erinnerungs- und Ermahnungssystem dienen können. Lassen Sie sich digital unterstützen oder suchen Sie sich einen inspirierenden Mentor, der Sie ein Stück auf Ihrem Weg begleitet. Wir wünschen Ihnen dabei viele inspirierende Erfahrungen.

Berlin/München im Frühjahr 2023
Eugen Unger & Bernhard Meising

Transformationale Führung 2.0

If your actions create a legacy that inspires others to dream more, learn more, do more and become more, then, you are an excellent leader.
Dolly Parton

Lust auf ein wenig Theorie? Mit Theorie und Praxis ist das immer so eine Sache. Kurt Lewin wird der Gedanke zugeschrieben: Nichts ist so praktisch wie eine gute Theorie. Wenn man gut mit orientierend übersetzt, dann lädt eine gute Theorie dazu ein, aus unterschiedlichen Perspektiven das eigene Handeln zu betrachten und daraus entsprechende Schlüsse zu ziehen. Ohne ein entsprechendes Hintergrundverständnis bleiben viele der folgenden Überlegungen an der Oberfläche. Machen wir uns daher auf den Weg, ein paar Grundlagen zu erkunden.

Inspirierende Führung, so wie wir sie verstehen, hat ihre Wurzeln in der Tradition des Soziologen Max Weber. In seinen letzten Jahren hat er sich intensiv mit dem Thema Herrschaft auseinandergesetzt und Führung, vermittelt durch eine charismatische Persönlichkeit, als eine mögliche Variante beschrieben. In der Weiterentwicklung dieses Führungsansatzes sind nun zwei Namen besonders hilfreich: Burns und Bass.

James MacGregor Burns war Politikwissenschaftler und lehrte an der University of Maryland. Er forschte über das nach seiner Meinung recht unterschiedliche Führungsverhalten von Präsidenten. 1978 veröffentlichte er sein Werk „Leadership" und brachte damit den Unterschied zwischen transaktionaler und transformationaler Führung in die Organisationsforschung ein. Seine Schlussfolgerung war, dass transformational führende Präsidenten Veränderungen initiieren konnten, während transaktionale Präsidenten eher die Aufrechterhaltung des Status Quo sicherstellten.

Für die große Verbreitung von Burns Überlegungen sorgte letztlich der Psychologe Bernhard Morris Bass, indem er den Ansatz von Burns auf die Führung von Mitarbeitern übertrug. Durch seine Studie „Leadership and performance beyond expectations", die er im Jahr 1985 veröffentlichte, verhalf er dem Konzept der transformationalen Führung zu großer Popularität.

Was ist nun zunächst einmal transaktionale Führung? Kurz auf den Punkt: ein Geschäft. Pflichterfüllung gegen Bezahlung. Das Verhältnis ist gekennzeichnet durch eine Wenn-Dann-Beziehung. Wenn ich dies tue, dann bekomme ich jenes. Damit das System funktioniert, ist selbstverständlich Kontrolle und Sanktion notwendig. Die Arbeitnehmer müssen schließlich motiviert werden. Und für transaktionale Arbeit funktioniert das System. Daniel Pink beschreibt das sehr klar: Für ausschließlich ausführende Arbeiten, die keine Kreativität benötigen, reicht als Motivation der Dreiklang aus Belohnung, Bestrafung und Bestechung.

Im Gegensatz dazu wünscht sich transformationale Führung nicht nur die reine ausführende Arbeitskraft. Wenn für die Ausübung einer Funktion deutlich mehr nötig ist als nur zwei hilfreiche Hände, dann ist auch von der Führungskraft mehr gefordert als einfaches comand & control. Das Ziel ist Leistung, die über die Erwartung hinausgeht, indem die Führungskraft die Einstellungen, Überzeugungen und Werte der Mitarbeitenden verändert (transformiert), anstatt nur stumpfe Erfüllung einzufordern.

Wie führt eine Führungskraft transformational? Bass hat erfreulicherweise einen Fragebogen entworfen (Multifactor Leadership Questionnaire). Er beschreibt darin vier Dimensionen der transformationalen Führung:

1. Identifikation (später Vorbild). Durch ein hohes Maß an Verlässlichkeit sowohl in Taten als auch in Worten wird Respekt und Vertrauen begründet.
2. Inspirierende Motivation. Eine klare Vision und ambitionierte Ziele fördern das Engagement aller Beteiligten.
3. Intellektuelle Anregung. Neue Ideen und Lösungen entstehen durch engagiertes Hinterfragen der bisherigen Annahmen und Routinen.
4. Individuelle Ansprache. Basierend auf den jeweiligen Stärken und Schwächen wird die persönliche Entwicklung der Mitarbeiter gefördert.

Zahlreiche Studien beziehen sich auf diese vier Dimensionen, z.B. 2018 Kienbaum/Stepstone, Die Kunst des Arbeitens und kommen zum Ergebnis: „94 Prozent der Angestellten bevorzugen eine Führungskraft, die als Vorbild dient, eine Vision vermittelt und ihre Mitarbeiter motiviert". Man kann die Erkenntnisse dieser und anderer empirischer Studien wie folgt auf den Punkt bringen: Basierend auf betriebswirtschaftlichen Kennzahlen leisten transformational geführte Mitarbeiter signifikant mehr, sind kreativer und zeigen mehr Verantwortungsbewusstsein als ihre Kollegen, die transaktional geführt werden.

Interessant dabei ist, dass diese Art zu führen wiederum Einfluss auf die Führenden selbst hat. Sie schaffen im Team eine stabile Vertrauensbasis und zeigen sich weniger anfällig für Stress und Belastungen. Zudem verfügen sie über mehr Energie. Das ist vermutlich der Grund, warum Führende, nach ihrem Führungsstil gefragt, diesen häufig als transformational beschreiben. Allerdings deckt sich das nicht zwingend mit der Einschätzung ihrer Mitarbeiter. Mehr als die Hälfte der Angestellten nehmen bei ihren Vorgesetzten einen eher direktiven, kontrollierenden Führungsstil wahr. Hier klaffen Eigen- und Fremdwahrnehmung auseinander.

Bei aller Sympathie gegenüber dem transformationalen Führungsstil gibt es natürlich einige kritische Anmerkungen, sonst hätten sich unsere weiteren Überlegungen erübrigt und wir könnten das Kapitel Führung schließen. Zum einen fällt es in der Praxis nicht immer leicht, die jeweiligen Ansprüche transformationaler Führung konkret werden zu lassen. Begriffe wie Respekt und Vertrauen lösen gefällige Zustimmung aus. Was das aber im Alltag bedeutet oder eben gerade nicht bedeutet, das wird leider nicht zureichend operationalisiert. Zudem fehlen aus unserer Einschätzung einige Aspekte, die gerade für die GenZ zentral zu sein scheinen. Unser größter Kritikpunkt allerdings ist der heroische Fokus auf die Führenden selbst. Die Helden-Inszenierungen der Elon Musks dieser Welt, mit all ihren Stärken und Schwächen, lassen aus unserer Sicht ein wesentliches Kriterium inspirierender Führung vermissen.

Selbstverständlich ist Führung eine voraussetzungsvolle Funktion. Keiner stolpert mal eben in diese Verantwortung hinein. Nun ja, jedenfalls die meisten nicht. Man hat es sich wohl verdient, man verfügt über gewisse Fähigkeiten, mit denen man sich von anderen abhebt. Und hier beginnt nicht selten die Déformation professionelle. Das sorgsam gepflegte Ego erfährt Bestätigung, jedoch niemals genug. Suche nach Bewunderung und Selbstüberhöhung verstärken den Trend. Dem setzen wir explizit eine Haltung der Bescheidenheit entgegen. Das muss nicht gleich, wie Fritz B. Simon, Rudolf Wimmer u.a. es tun, postheroisch genannt werden. Aber

Führung, die um sich selbst kreist, wird den vielfältigen und teilweise entgegengesetzten Ansprüchen nicht gerecht. Inspiration als produktive Energie für das Team und permanente Selbstinszenierung passen nach unserem Verständnis nicht zusammen.

Zudem birgt die Fokussierung auf die eine Person das Risiko einer „Entantwortung". Eine, die immer die Richtung kennt, entlässt seine Umgebung aus der Notwendigkeit des Mitdenkens. Diese Fokussierung der Entscheidung ist nicht nur für das Unternehmen gefährlich, sondern läuft den Erwartungen einer neuen Generation radikal zuwider. Das spiegelt unsere Erfahrung und das Selbstverständnis jüngerer, gut ausgebildeter Führungskräfte wider, die einer Überhöhung der Person und den damit häufig zu beobachtenden Statussymbolen erkennbar weniger abgewinnen können. Der Soziologe Dirk Baecker bringt die Kritik auf den Punkt: „Unternehmen können nicht mehr von der Spitze her geführt werden – oben sagt man, wo es lang geht und unten arbeitet man mit –, sondern Unternehmen führen sich selbst aus der Mitte heraus oder noch präziser gesagt, sie führen sich vom Markt her, also von außen her."

Der Psychologe Jon Stokes unterscheidet charismatische und inspirierende Führung: „While charismatic leadership is primarily focused on the person of the leader, and their success, inspiring leadership focuses on the followers and their development." Paul Achleitner bringt das in unserem Gespräch so auf den Punkt: „Wenn Du inspirieren willst, darfst Du nicht missionarisch sein." Anders gesagt: Inspirierende Führung stellt auf die Fähigkeiten der Geführten ab, Problemlösungen zu finden und umzusetzen. Es geht um die konkrete Verbesserung der Realität, nicht um den Glauben an eine ganz andere, schönere Zukunft. Das ist von besonderer Bedeutung in einer

Zeit, in der die größte Herausforderung für Leadership nicht die Perfektion, sondern die schnelle Anpassung ist.

Daher möchten wir mit inspirierender Führung einen praktischen Rahmen entfalten, der zureichend konkret wird, die Ansprüche einer neuen Generation widerspiegelt und von einer um sich selbst kreisenden one-person-show erkennbar Abstand nimmt.

Ist damit inspirierende Führung für alle Branchen und Funktionen im Unternehmen gleichermaßen geeignet? Vermutlich nicht. Aber immer dort, wo nicht stumpfer Vollzug von Anweisungen gefragt ist, kann inspirierende Führung einen Beitrag leisten, dass Menschen gern ihr Bestes geben. Eine interessante Differenzierung bringt Heike Bruch und ihr Team aus St. Gallen ins Spiel. Sie beschreibt ihr 2022 veröffentlichtes Führungsmodell als inspirierend-multimodal. Grundsätzlich empfiehlt sie einen inspirierenden Führungsstil, losgelöst von der jeweiligen Situation und den Herausforderungen im Einzelnen. Die Differenzierung kommt nun über zwei unterschiedliche Modi ins Spiel, deshalb multimodal. Im Umsetzungsmodus empfiehlt sie eine inspirierend-ergebnisorientierte Führung, während im Explorationsmodus eine inspirierend-empowernde Führung vorgeschlagen wird.

„Während bei inspirierend-ergebnisorientierter Führung neben der Inspiration eher fokussiert auf vorbestimmte Ergebnisse hingesteuert wird, geht es bei inspirierend-empowernder Führung darum, neben der Inspiration auch Freiraum zu geben, kreatives Verhalten zu fördern oder in Teilen auch Führungsverantwortung an das Team zu übertragen. Somit können bei inspirierend-ergebnisorientierter Führung Entscheidungen schnell und reibungslos gefällt werden, während bei inspirierend-empowernder Führung der kreative Prozess durch viele Meinungen und Expertisen im Vordergrund steht." Wir finden es großartig, dass die Forschung die Notwendigkeit von Inspiration in ersten Untersuchungen bestätigt. Eine Unterscheidung in eine stabile und agile Arbeitsumgebung wird nach unserer Einschätzung im konkreten Führungsalltag nicht immer so klar und eindeutig sein, wie in dem von Heike Bruch gewählten Beispiel Porsche Motorsport (Rennstrecke vs. Fahrzeugentwicklung). Deshalb ist es uns bei den Kriterien Vertrauen und Verantwortung wichtig darauf hinzuweisen, dass Freiräume je nach Aufgabenprofil unterschiedlich ausgestaltet werden müssen. One size fits all gilt eben nicht überall.

Wenn wir bilanziert auf die Entwicklung von Führungsmodellen schauen, ist das Konzept der transformationalen Führung eine gute Basis, die sich erweitern und modifizieren lässt. Daher könnte man inspirierende Führung auch als transformationale Führung 2.0 bezeichnen. Aber egal welches Etikett wir anheften, im Kern geht es um ein humanistisches Angebot, welches wir Ihnen für Ihre Führungsarbeit machen wollen. Sie entscheiden, was davon für Sie und Ihre Herausforderungen passt.

1

Integrität

Sie machen erkennbar,
an welchen Werten
Sie sich orientieren

Choosing courage over comfort;
Choosing what is right over what is fun, fast or easy.
Choosing to practice our values rather than simply professing them.
Brené Brown

Hand aufs Herz: An welche Führungskraft in Ihrer beruflichen Karriere oder an welchen Lehrer in Ihrer Schulzeit erinnern Sie sich? Und an wen erinnern Sie sich sogar gern? Vermutlich waren es Menschen, die eine klare Haltung gezeigt haben und die für das, was ihnen wichtig war, auch gegen Widerstand konsequent einstanden. Inspirierende Führung setzt voraus, als Mensch mit klaren Werten und nicht nur als Inhaber einer Funktion erkennbar zu sein. Ohne klares Profil keine Inspiration. Ohne klaren Anspruch gibt es auch keine Klarheit in der täglichen Führungsarbeit. Es droht Beliebigkeit. Heute so und morgen so, auf jeden Fall anders. Überraschungen für die Mitarbeiter sind garantiert.

In ihrem ersten Offsite Meeting nach der Übernahme von deutlich mehr Verantwortung im Unternehmen adressierte eine unserer Gesprächspartnerinnen zunächst das Thema Werte: „Hier sind vier Punkte, die mir wichtig sind: Vertrauen, Offenheit, Spaß, Gerechtigkeit." Für die meisten Teilnehmer war das eine neue Erfahrung. Bislang hatten sich solche Veranstaltungen primär um KPIs (key performance indicator) und Budgets gedreht. Der Vorteil dieses Vorgehens: Es wird nicht nur eine geschäftliche, sondern auch eine kulturelle Ambition formuliert.

Um sich dem Begriff Integrität praktisch zu nähern, hilft es vielleicht, sich eine grundsätzliche Frage zu stellen: Warum sollte sich jemand von mir führen lassen? Lassen Sie sich die Frage einen Moment auf der Zunge zergehen. Zum einen werden Sie mit ihren Antworten sicherlich auf bestimmte Kompetenzen oder eine besondere Expertise verweisen, die Sie offensichtlich besitzen. Fähigkeiten, die andere nicht oder noch nicht ausgebildet haben. Man kann also von Ihnen etwas lernen.

Es könnte auch sein, dass Sie sich auf einen bestimmten Glauben oder eine besondere Form der Spiritualität beziehen. Jürgen Klopp beispielsweise bekennt sich zu seinem christlichen Glauben: „Der Glaube führt mich durch das Leben. ... Er ist meine Leitlinie und für mich unendlich wichtig." Auf der anderen Seite fallen Ihnen wahrscheinlich Werte wie zum Beispiel Respekt, Loyalität, Wertschätzung oder Gerechtigkeit ein. Ihnen ist also eine bestimmte Haltung wichtig. Das reicht Ihnen aber klugerweise nicht. Sie möchten, dass ihre Haltung ebenso in ihrem Handeln sichtbar wird. Es geht um Konsistenz. Diese Entsprechung von Worten und Taten nennen wir Integrität.

Alfred Herrhausen wird oft mit dem Dreiklang zitiert: „Wir müssen das, was wir denken, auch sagen. Wir müssen das, was wir sagen, auch tun. Und wir müssen das, was wir tun, dann auch sein." Als Führungskraft haben Sie den Anspruch, nicht nur zu sagen, was Ihnen wichtig ist, sondern auch zu tun, was Sie sagen. Es ist günstig, den Abstand zwischen Ankündigungen und Handlungen möglichst gering zu halten. Idealerweise sollte in Ihrem Handeln deutlich werden, dass Sie unabhängig von aktuellen Befindlichkeiten oder Stimmungen einen klaren Kompass haben, der Ihr Handeln und Ihre Entscheidungen kennzeichnet. Das gilt vor allem, und jetzt wird es spannend, wenn das Handeln nicht kostenlos ist.

Möglicherweise wird dieser Preis deutlich in einer Begebenheit, die Toygar Cinar in einem Linkedin-Post im Dezember 2022 erzählt.

Jurastudium. Erste Vorlesung. Der Professor betritt den Hörsaal. Er schaut sich um. „Sie da in der 8. Reihe. Können Sie mir Ihren Namen verraten?" fragt er eine Studentin. „Ich heiße

Sandra" sagt eine Stimme. Der Professor fordert sie auf „Verlassen Sie bitte meinen Hörsaal. Ich möchte Sie nicht in meiner Vorlesung sehen." Alle sind leise. Die Studentin ist irritiert, packt langsam ihre Sachen und steht auf. „Schneller bitte" wird sie aufgefordert. Sie traut sich nicht etwas zu sagen und verlässt den Hörsaal. Der Professor schaut sich weiter um. Die Teilnehmer sind verängstigt. „Warum gibt es Gesetze?" fragt er in die Runde. Alle leise. Jeder schaut auf die anderen. „Wofür sind Gesetze da?" fragt er erneut. „Gesellschaftliche Ordnung" hört man aus einer Reihe. Eine Studentin sagt: „Um die persönlichen Rechte eines Menschen zu wahren." Ein anderer sagt: „Damit man sich auf den Staat verlassen kann." Der Professor ist unzufrieden. „Gerechtigkeit" ruft eine Studentin. Der Professor lächelt. Sie hat seine Aufmerksamkeit. „Danke sehr. Habe ich mich vorhin ungerecht Ihrer Kommilitonin gegenüber verhalten?" Alle nicken. „Das habe ich in der Tat. Warum hat niemand protestiert? Warum hat niemand von Ihnen versucht mich daran zu hindern? Warum wollten Sie diese Ungerechtigkeit nicht verhindern" fragt er. Niemand antwortet. „Was Sie gerade gelernt haben, hätten Sie in 1.000 Vorlesungsstunden nicht verstanden, wenn Sie es nicht miterlebt hätten. Nur, weil Sie selbst nicht betroffen waren, haben Sie nichts gesagt. Diese Einstellung spricht gegen Sie und gegen das Leben. Sie denken, solange es Sie nicht betrifft, geht es Sie nichts an. Ich sage Ihnen, wenn Sie heute nichts sagen und nicht für Gerechtigkeit sorgen, dann werden Sie eines Tages ebenfalls eine Ungerechtigkeit erfahren und niemand wird sich vor Sie stellen. Gerechtigkeit lebt durch uns alle. Wir müssen dafür kämpfen." Im Leben und im Beruf leben wir oft nebeneinander statt miteinander. Wir trösten uns damit, dass die Probleme anderer uns nichts angehen. Wir gehen nach Hause und sind froh, dass wir nicht betroffen waren. Aber es geht auch darum für andere einzustehen. Jeden Tag pas-

siert eine Ungerechtigkeit im Unternehmen, im Sport oder in der Straßenbahn. Sich darauf zu verlassen, dass irgendjemand das schon regeln wird, reicht nicht aus. Es ist unsere Pflicht für andere da zu sein. Für andere zu sprechen, wenn sie es selbst nicht können.

Dieser Post hat eine Menge Reaktionen ausgelöst. Als Lehrende hoffen wir selbstverständlich, dass Sandra entweder eingeweiht war oder eine professionelle Schauspielerin. Man könnte diesen Post als Clickbait abtun oder lang und breit diskutieren, ob diese Geschichte wahr ist. Aber vermutlich ist es irrelevant, ob es sich um ein tatsächlich erlebtes Ereignis handelt. Der Kern der Geschichte berührt einen zentralen Aspekt von Integrität. Überstehen die eigenen Werte die Probe aufs Exempel? Sind wir bereit, mit praktischen Konsequenzen für unsere Werte einzustehen?

Jeder von uns kennt Situationen im Alltag, in denen wir gern unsere Werte verteidigt hätten, aber geschwiegen haben. Schweigen kann viele Gründe haben. Wir waren vielleicht schlicht überrumpelt und die Chance, anders zu handeln, war vorbei. Unter Umständen hat sich unser Gewissen gemeldet und uns vermittelt, eine Intervention wäre übergriffig und stünde uns nicht zu. Oder wir dachten, „bringt eh nichts". In den meisten Fällen haben wir wahrscheinlich eine Bilanz erstellt und dann erschien uns der Preis zu hoch. Handeln hätte ein Risiko bedeutet und das wollten wir nicht eingehen. Es mag auf der individuellen Ebene also gute Gründe geben, in der einen oder anderen Situation nicht zu intervenieren. Anders sieht es aber aus, wenn Sie nicht nur für sich, sondern auch für andere, für ein Team, eine Organisationseinheit oder ein Unternehmen die Verantwortung übernehmen.

Integrität drückt sich aus durch den Grad der Übereinstimmung zwischen Reden und Handeln. Man kann Integrität nicht einfordern, sondern bekommt sie gewissermaßen zugesprochen. In vielen unserer Gespräche ging es um den enormen Einfluss, den das wahrgenommene Führungshandeln der Top-Ebene auf das Verhalten und die Kultur der gesamten Organisation ausübt. Was das Führungsteam vorlebt, wird genauestens beobachtet, für kaum etwas gibt es in Unternehmen feinere Antennen. Dabei kann man nicht „nicht vorleben". Man tut es ständig, bewusst oder unbewusst: „management by trust" oder doch eher „by mistrust"? Alle sind gleich und fliegen Economy, nur die gleicheren nutzen den Firmenjet? Kein Witz – kürzlich hörten wir von einem Konzern, bei dem der Millionenbetrag, der im Winter durch die Temperaturreduzierung auf unter 20 Grad in den Büros eingespart wurde, zufällig ziemlich genau dem der höheren Bonusforderung des CEO entsprach.

Niemand in der Hierarchie kann sich dem Vorleben der Top-Führungskräfte entziehen, es zieht sich durch die Organisation. „Es gibt nichts gefährlicheres, als Werte zu verkünden und sie dann nicht zu leben. Dann läßt man es besser gleich ganz", so eine exemplarische Einschätzung aus unseren Gesprächen. Wird zwischen Kommunikation und täglichem Verhalten eine zu große Diskrepanz wahrgenommen, so führt dies unweigerlich zu Enttäuschung, „Dienst nach Vorschrift" oder im schlimmsten Fall Zynismus.

Nun könnte man die Gefahr, an seinen Ansprüchen zu scheitern, leicht umgehen: Sattle das moralische Ross nicht zu hoch – irgendwann musst du schließlich auch wieder runter. Bleib' unverbindlich, dann ist man für alles offen. Flieg' unter dem Radar und lehn dich ja nicht zu weit aus dem Fenster. Das ist eine Option. Nur eines ist man dann nicht mehr: erkennbar. Mit inspirierender Führung hat das nach unserem Verständnis wenig zu tun. Unsere Gesprächspartner haben uns immer wieder klar gemacht, wie wichtig dieser Aspekt ist. Steht die Führung für etwas ganz Bestimmtes ein? Ist ihr eine Sache, außer sich selbst, wirklich wichtig? Tut sie, was sie sagt? Kann man sich auf ihre Worte verlassen? Führungskräfte sind in ihren Handlungen immer kulturprägend. Was Sie sagen und was Sie konkret tun oder auch nicht tun, das setzt die Standards, deshalb: walk the talk.

Aber nicht nur für die Mitarbeiter ist unverbindliches Verhalten schwer einzuordnen und wirkt daher demotivierend. Wenn wir ausreichend aufmerksam sind, merken wir meist selbst, wenn uns die Maßstäbe verrutschen und unser Handeln sich von unseren Ansprüchen entfernt. Ein Beispiel, das uns eine Führungskraft eines großen Beratungsunternehmens erzählt hat, macht die Folgen deutlich.

„Häufig zahlen wir einen noch höheren Preis für unser Nicht-Handeln."

Die jährliche Veranstaltung für wichtige Kunden steht an. Der verantwortliche Partner des Unternehmens hat mit der praktischen Organisation einen Assistenten beauftragt und dieser hat das Notwendige sorgfältig geplant und vorbereitet. Er hat an alles gedacht – bis ins kleinste Detail. Natürlich hat er an die Namensschilder für alle Teilnehmenden dieses Workshops gedacht. Sie sind sorgfältig vor dem Veranstaltungsraum auf einem Tisch aufgestellt und nach Alphabet sortiert. Schließlich sollen alle ihr Schild schnell finden. Da der Kundenkontakt sehr wichtig ist, werden die Kunden von einer Partnerin bzw. einem Partner empfangen und in den Raum begleitet. Ein, nun sagen wir, etwas spezieller Kunde, kommt in Begleitung eines Partners in den Vorraum für die Veranstaltung. Der Kunde betrachtet die Schilder und ein Lächeln umspielt seine Mundwinkel. Er greift sich mehrere Namenskarten und sortiert sie um, sodass sie nicht mehr in alphabetischer Reihenfolge stehen. Mit einem triumphierenden Ausdruck schaut er den Assistenten an: „Na, was machen Sie jetzt?“

Der Assistent blickt verlegen und der Partner sagt gegenüber dem Kunden – nichts. Bis auf ein verhuschtes Lächeln kommt keine Reaktion. Jahre später schildert er diese Situation aufrichtig in einem Workshop und erzählt, wie er sich damals in der Szene gefühlt hat: elend. Dem Kunden nicht widersprochen zu haben, beschäftigt ihn noch heute. Mittlerweile sagt er, ist mir klar, dass ich hätte anders reagieren müssen, aber ich habe mich das als junger Partner gegenüber dem Kunden einfach nicht getraut. Wir erkennen: Ein Preis für unser Handeln ist immer fällig. Aber häufig zahlen wir einen noch höheren Preis für unser Nicht-Handeln. Diesen Preis spüren wir persönlich häufig stärker als unsere direkte Umgebung.

Integrität ist für uns selbst und andere Menschen sehr wohl wahrnehmbar. Wir spüren genau, ob Führungskräfte mit ihren Werten im Einklang leben oder sich korrumpieren lassen. Genau hier entscheidet sich, ob die von mir vermittelten Werte andere orientieren und für sie möglicherweise sogar inspirierend wirken.

Herb Kelleher war Gründer von Southwest Airlines, der Vordenker des Billigflugs und in einem wichtigen Aspekt das komplette Gegenteil von Michael O'Leary, dem Chef von Ryanair. Während O'Leary Crews dazu nötigt, eigene Firmen zu gründen und formal als „Selbstständige“ ihre Dienste an die Fluglinie zu verkaufen, um Sozialabgaben und Lohnfortzahlung im Krankheitsfall zu vermeiden, gibt es bei Southwest Airlines ein klares Prinzip: Employees first. Customer second. Shareholder third. Southwest zahlt Gehälter über Branchendurchschnitt und beteiligt alle Angestellten am Unternehmen. Das Ergebnis: Regelmäßig nimmt Southwest Airlines bei Kundenzufriedenheitsstatistiken Spitzenplätze ein.

Kelleher packt häufig mit an und ist sich nicht zu schade, selbst zum Staubsauger zu greifen, um eine Maschine schnell sauber zu bekommen. Und damit nicht genug. Folgende Geschichte wird über ihn erzählt: Ein Passagier wollte unbedingt noch einen Platz auf einem Flug von Southwest. Da die Maschine ausgebucht war, gestaltete sich dies schwierig. Im Laufe der Diskussion mit einer Dame vom Check-in-Team wurde der Passagier immer aggressiver und lauter. Der Streit gipfelte in rüden Beschimpfungen gegenüber dem gesamten Check-in-Team. Zufällig stand Herb Kelleher am Nachbarschalter und bekam die Szene mit. Spontan ging er auf den Passagier zu, holte seine Brieftasche raus und sagte dem verdutzten Passagier, dass er ihm gern einen First Class Flug bei einer anderen Airline bezahlen möchte. Er wolle damit nur sicherstellen, dass er auf gar keinen Fall mit Southwest Airlines fliegt.

Sind Southwest Airlines die Kunden egal? Mitnichten. Es scheint uns allerdings, als wenn für Herb Kelleher und Southwest die Reihenfolge der Werte oder in diesem Fall der Zielgruppen entscheidend ist. Wenn es drauf ankommt, stehen die Mitarbeiterinnen und Mitarbeiter an erster Stelle – nicht nur auf dem Papier. Denn sie sind es, die für eine überragende Erfahrung der Kunden sorgen. Wenn es nicht nur eine Geschichte ist, sondern sich so zugetragen hat, dann finden wir dieses Beispiel für konsistentes Handeln sehr überzeugend. Was erzeugt mehr Integrität als den eigenen oder den Unternehmenswerten konkrete Taten folgen zu lassen? Hier wird deutlich: Da meint es jemand ernst. Das ist es, was Menschen inspiriert.

Unternehmen haben natürlich ganz unterschiedliche Werte, Kulturen und Führungsstile. Immer wieder wird aber deutlich, dass es klare, verbindliche Prinzipien braucht, um einer Organisation Orientierung zu geben. An diesen Prinzipien können alle ihr Handeln ausrichten – vorausgesetzt, sie werden glaubwürdig vorgelebt. Wie in unserem Beispiel „Employees first. Customer second. Shareholder third" bei Southwest. Paul Achleitner nennt exemplarisch das ebenso prägende Goldman Sachs Diktum „Client – Firm – Self" oder auch das Prinzip der Allianz „A promise is a promise."

Die gute Nachricht: Glaubwürdig vorgelebte Integrität kann sich ausbreiten wie ein Virus. Sie setzt Maßstäbe innerhalb der Organisation und kann den Anspruch an andere Führungskräfte erhöhen. Zu dieser Glaubwürdigkeit gehört allerdings auch, seine Werte allen gegenüber gleichermaßen zu vertreten, also auch gegenüber Vorgesetzten. Das ist nicht immer frei von Risiko, aber allemal besser als zu versuchen, dauerhaft gegen eigene Wertvorstellungen zu agieren. „Man kann sich unterschiedlichen Führungsstilen durchaus anpassen, aber man bleibt derselbe Mensch, und als solcher muss man sich treu bleiben", so Joachim von Schorlemer, der in seiner Karriere verschiedene Organisationen erlebt hat.

Eine entsprechende „Passung" sollte bereits im Bewerbungsgespräch evaluiert werden, eine in solchen Situationen oftmals vernachlässigte Dimension. Vor allem auf der Führungsebene ist von entscheidender Bedeutung, ein Team zusammenzustellen, das wesentliche Werte teilt und bereit ist, für sie einzustehen.

Falls Sie die bisherigen Ausführungen inspiriert haben, sich ein wenig mit Ihren eigenen Werten auseinanderzusetzen, dann möchten wir Ihnen die eine oder andere Handreichung anbieten. Wie komme ich überhaupt auf die für mich relevanten Werte? Beliebige Normenkataloge aus dem Internet und anschließendes copy & paste sind wenig zielführend. Eine Ausnahme möchten wir Ihnen trotzdem vorstellen. Unter der Adresse www.principlesyou.com finden Sie einen kostenlosen Test, den der Philanthrop und Bridgewater Gründer Ray Dalio gemeinsam mit dem Wharton Professor Adam Grant entwickelt hat. Wir sind der Meinung, die 30–40 Minuten sind gut investierte Zeit und bieten Ihnen eine erste Orientierung. Darauf lässt sich aufbauen.

Wenn Ihnen das nicht reicht und Sie tiefer einsteigen wollen, gern. Das setzt, Sie ahnen es, die Bereitschaft voraus, sich intensiver mit sich zu beschäftigen. Wir alle stehen auf fremden Schultern. Einen Teil unserer Werte haben wir zum Beispiel durch die Erziehung unserer Eltern frei Haus geliefert bekommen, ohne dass wir dazu etwas tun mussten. Es ist ungemein aufschlussreich, sich zu fragen, welche Werte ich meinen primären Erziehungsberechtigten oder ähnlich prägenden Menschen zuschreiben würde. Hier finden sich Spuren, die zu verfolgen sich lohnt. Dabei ist eine kritische Auseinandersetzung mit diesen mitunter wohlwollend vermittelten Angeboten notwendig. Niemand will und sollte eine 1:1 Kopie der Eltern oder von Onkel Werner aus Königstein werden.

Hilfreich ist ebenfalls die Kenntnis der Werte unserer Mitmenschen. In allen Partnerschaften, in unseren Freundschaften, in Unternehmen und Institutionen bilden Werte den kleinsten gemeinsamen Nenner, auf dem das Miteinander gebaut ist. Daher können Menschen, die uns nahestehen, aufzeigen, was uns wirklich wichtig ist. Mit welchen Personen umgebe ich mich vorzugsweise? Worauf achte ich bei meinen Geschäftspartnern? Mit wem würde ich niemals Geschäfte machen und warum nicht? Wie möchte ich nicht behandelt werden? Was ist mir wichtig, wenn ich Menschen einstelle? Wir sind als Persönlichkeit die Summe der Menschen, mit denen wir die meiste Zeit verbringen. Dieser Gedanke, der Jim Rohn zugeschrieben wird und sich im Original auf fünf Menschen bezieht, lässt ahnen, wie wichtig unsere sozialen Beziehungen sind.

Ein anderer Weg läuft über Rückbezug. Sie schließen von Ihren Handlungen oder Entscheidungen, vorzugweise solchen, die einigermaßen erheblich sind, auf ihre tatsächlichen Werte zurück. Warum haben Sie diese Entscheidung exakt so getroffen? Wo gab es Entscheidungen, die Sie hinterher bereut haben? Das gibt Ihnen Hinweise auf Grenzen, die Sie entgegen Ihrer persönlichen Haltung überschritten haben. Zudem kann es sehr hilfreich sein, wenn Sie sich von anderen inspirieren lassen. Gerade Entscheidungen, die nicht typisch für uns sind und unsere Umgebung irritieren, bieten wertvolle Erkenntnisse. Warum habe ich so und nicht anders entschieden? Was liegt dahinter für ein Anspruch?

„Handle stets so, dass du in und durch dein Handeln eigenes und fremdes personales Leben eher mehrst denn minderst"

Einen interessanten Filter bei der Überprüfung unserer Werte bieten uns die Organisationspsychologen Michael Palanski und Francis Yammarino. Wie die meisten Forscher betonen sie den Aspekt der Konsistenz. Aber das ist nur eine notwendige Bedingung. Nur weil eine Führungskraft konsistent handelt, schreiben wir ihr nicht automatisch Integrität zu. Es fehlt ein Kriterium: Integrität verbinden wir immer mit ethischem Handeln. Fälle wie ein gewisser Finanzdienstleister aus Aschheim, dem vorgeworfen wird, 1,9 Milliarden Euro verbucht zu haben, die es gar nicht gab, zeigen, dass

Manager durchaus mit sich und ihren unlauteren Motiven in trauter Harmonie sein können, wir ihnen aber trotzdem keine Integrität zuschreiben würden. Wie prüfen wir also die Qualität unserer Werte?

Rupert Lay bietet uns die Erhaltung und Entfaltung personalen Lebens als höchstes ethisches Gut an. Wobei Leben hier mehrdimensional zu verstehen ist. Die eigenen Werte sollten sich an folgendem Imperativ messen lassen: „Handle stets so, dass du in und durch dein Handeln eigenes und fremdes personales Leben eher mehrst denn minderst." Meine Handlungen sollen nicht ausschließlich meinen Interessen dienen, sondern die Haupt- und Nebenfolgen für andere im Blick behalten.

Sollte Ihnen Ethik etwas zu hoch im Regal gegriffen sein, können wir Ihnen eine einstöckige Alternative anbieten. Wie wäre es mit Fairness? Handeln, welches nachweislich erkennbar an Werten orientiert und zusätzlich von anderen als fair bewertet wird, ist für andere inspirierend. Bleibt noch die Herausforderung, was wir unter Fairness verstehen. Fairness geht über normengerechtes Verhalten hinaus. Ich nutze meine Möglichkeiten, auch wenn es vielleicht dem Rahmen der eigenen Werte entsprechen würde, nicht zum Schaden anderer aus. Besonders relevant ist Fairness, wenn wir uns die Einschätzung der Menschen in Deutschland anschauen. In einer im Sommer 2022 durchgeführten repräsentativen Umfrage zum Fairness-Radar, den die HUK-Coburg publiziert hat, glauben nur 21% der Bevölkerung, dass es im Berufsleben und am Arbeitsplatz fair zugeht. Positiv gewendet wird deutlich, welches Potenzial in diesem Punkt steckt.

Fairerweise sollten wir Sie darauf aufmerksam machen, dass, egal für welche Werte Sie sich entscheiden, diese mit an

Sicherheit grenzender Wahrscheinlichkeit zuweilen gegeneinander stehen werden. Nur weil wir eine Handvoll Werte für unser Handeln definiert haben, wird Entscheiden nicht zwangsläufig einfacher. Das Gegenteil ist richtig. Denken Sie beispielsweise an die nicht triviale Güterabwägung zwischen den Ansprüchen des Unternehmens und den Bedürfnissen Ihrer Mitarbeiter. Sofern beides in Deckung miteinander ist, haben Sie als Führungskraft leichtes Spiel. Der Kunde fordert Einsatz bis an die zeitliche Schmerzgrenze und die Mitarbeiter sagen „Kein Problem, ich habe meine Beziehung vor einigen Tagen beendet und endlich mehr Zeit für die Arbeit". Was aber, wenn die Ansprüche miteinander kollidieren?

Das würde ich im Einzelfall, also situativ entscheiden, mögen Sie jetzt denken. Aber wo bleibt die klare Linie, wenn heute so und morgen ganz anders von Ihnen entschieden wird? Habe ich tatsächlich eine verantwortete Güterabwägung vorgenommen oder habe ich den bequemen Weg gewählt? Habe ich unter Umständen die Entscheidung an die Mitarbeiter weitergereicht und mich als Pontius Pilatus selbst aus der Verantwortung gestohlen? Sie merken, integres Handeln ist nicht immer dilemmafrei und spielt häufig in Grauzonen. Es mag helfen, sich über eine Hierarchie der eigenen Werte Gedanken zu machen. Was ist für mich der höchste Wert? Herb Kelleher hatte eine klare Priorität, aber das muss nicht Ihren Vorstellungen entsprechen.

Ist Integrität nicht nur eine Quelle für Inspiration, sondern zusätzlich auch für Unternehmen von Interesse? In einer Studie der amerikanischen Psychologin Taya R. Cohen, die an der Carnegie Mellon University lehrt, wurden die Auswirkungen von Moral auf das Unternehmen untersucht. Führungskräfte mit einer ausgeprägten moralischen Persönlichkeit engagieren sich erkennbar stärker für ihr Unternehmen als solche, bei denen ethische Aspekte eine untergeordnete Rolle spielen. Kurz: Moral lohnt sich. Als moralische Kategorien wurden in der Untersuchung Werte wie Ehrlichkeit, Gewissenhaftigkeit, Feinfühligkeit und Selbstbeherrschung erfasst. Moral setzen wir mit Integrität gleich. Das ist üblich, wenn auch nicht ganz korrekt.

Falls Sie an einer begrifflichen Abgrenzung interessiert sind, bieten wir Ihnen einen kleinen Exkurs an – den Sie selbstverständlich überspringen können. Moral kann als kollektive Normgröße angesehen werden. Moral ist, was man nicht tut. Davon ist auf der individuellen Ebene die Sittlichkeit abzugrenzen, was ich nicht tue. Der Zweck der Moral ist die Einbindung von Menschen in ein System, um sie fremdbestimmt zu machen. Der Zweck der Sittlichkeit ist die Eigenverantwortung. Da Moral und Sittlichkeit nicht immer deckungsgleich sind, kann es zu Konflikten kommen. Nicht alles, was in einer Gesellschaft als moralisch gut angesehen wird, muss mit meinem Gewissen vereinbar sein. Daher bietet sich als Metadisziplin die Ethik an, die zwischen sittlichen und moralischen Ansprüchen als höchstes Gut zu vermitteln sucht. Im Kontext unserer Überlegungen kommt es daher bei integrem Handeln insbesondere auf den ethischen Aspekt an. Ein weiteres mögliches Kriterium zur Überprüfung eigenen Handelns bietet der von Immanuel Kant eingeführte kategorische Imperativ: „Handle nur nach derjenigen Maxime, durch die du zugleich wollen kannst, dass sie ein allgemeines Gesetz werde."

Diese Quellen und Filter bieten Ihnen verschiedene Zugänge, um über Ihre Werte und damit letztlich über Ihr Selbstverständnis als Führungskraft nachzudenken. Die übliche, formale Legalisierung durch das Unternehmen, das Sie zur Führungskraft erklärt hat, reicht nicht aus. Nur weil ich eine neue Rolle übernehme, fülle ich sie nicht automatisch aus. Deshalb nutzen wir in unseren Coachings zuweilen die oben gestellte Frage: Warum sollte sich jemand von mir führen lassen? Wenn man die Frage wirklich ernst nimmt, dann ist eine glaubwürdige Antwort nicht ohne ausreichende Reflektion möglich: Wofür will ich stehen? Was ist mein Selbstverständnis in Bezug auf meine Führungsrolle? Wie würde ich bei Wertekonflikten agieren?

Durch die Reflektion und individuelle Beantwortung dieser Fragen entzieht sich Führung der Beliebigkeit. Inspirierende Führung, die auf Integrität fußt, können wir also definieren als jede Interaktion mit den Mitarbeitern, die sich an bewusst gewählten Maßstäben orientiert und die Konsequenzen dieser Handlungen verantwortet. Bleibt die Frage der Evaluation. Eine Überprüfung des eigenen Handelns nur durch Selbstbeobachtung wird nicht reichen. Wir empfehlen in jedem Fall die Einbeziehung Dritter. Ob das als kollegiales Coaching, Reflektion mit einem Mentor oder mit einem externen Sparringspartner stattfindet, ist dabei unerheblich. Entscheidend ist, dass Ihr Handeln begründungsfähig ist und Sie sich aufrichtig einer Prüfung Ihrer Gründe durch andere aussetzen.

Das Wissen um für mich relevante Führungswerte, die Fähigkeit, darüber in einer Art und Weise zu sprechen, die Nachfrage erzeugt und letztlich ein Handeln, das meine Werte sichtbar werden lässt. Diese drei Elemente bilden den notwendigen Dreiklang für Integrität.

Folgende Anregungen können helfen, sich dem Thema Integrität zu nähern:

Klare Erwartungen formulieren, statt Beliebigkeit zu pflegen

Der erste Schritt besteht darin, basierend auf den angebotenen Quellen, meine Erwartungen als Führungskraft an mich selbst und an andere zu formulieren. Dabei geht es weniger um eine fröhliche Aneinanderreihung von Leerformeln. Statt eines riesigen Katalogs beliebiger Werte fokussieren Sie sich besser auf einige wenige. Drei bis fünf Werte, die sich mit Ihrem bisherigen Leben, Ihren Erfahrungen und Ihrer Persönlichkeit in Beziehung setzen lassen und Ihre Haltung in der Führungsrolle widerspiegeln, reichen völlig. Fragen Sie sich, warum die beschriebenen Werte für Sie relevant sind. Ohne tragfähige Begründung können die Werte nicht in Ihrem Handeln sichtbar werden. Sinnvoll ist ebenso, diese Werte in eine persönliche Hierarchie zu bringen, da die gewählten Werte wie beschrieben, im Alltag das eine oder andere Mal im Widerspruch zueinander stehen werden.

Diese Frage könnte beim Fokussieren helfen: Was wollen Sie für Ihre Mitarbeiter sein und vor allem: Was wollen Sie auf keinen Fall für sie sein? Was erwarten Sie von anderen in der Zusammenarbeit, und was erwarten Sie auf keinen Fall?

Meine Werte begründen, statt mit Schlagworten um mich zu werfen

Da kein Wort von zwei oder mehr Menschen gleich verstanden wird, ist die zweite Herausforderung, dass Sie über das sprechfähig sind, was Ihnen wichtig ist. Insbesondere jüngere Generationen im Unternehmen erwarten eine anschlussfähige Darlegung von Werten und nicht nur ihre Proklamation. Es kommt weniger darauf an, die eigene Überzeugung gekonnt darzulegen, sondern andere für meine Überzeugungen zu gewinnen. Ohne ein zureichendes Maß an kommunikativer Performanz keine Inspiration. Gehen Sie davon aus, dass Ihre Mitarbeiter Sie ernst nehmen. Es kann immer sein, dass sie Ihnen tatsächlich zuhören und Sie beim Wort nehmen. Wenn Sie Menschen nicht wirklich erreichen, nicht überzeugen, helfen Ihnen gut gemeinte Schlagworte nicht weiter.

Hier ein kleiner Test: Können Sie die für Sie relevanten Werte abends beim Bier oder Wein Ihrem besten Freund oder Ihrer besten Freundin verständlich und glaubhaft vermitteln? Und können Sie die Werte mit sich persönlich in Verbindung bringen? Versuchen Sie es!

Verantwortung für meine Taten übernehmen, statt gute Absichten zu rechtfertigen

Im Allgemeinen ist es erfolgversprechender, sich über Erreichtes zu definieren statt über Beabsichtigtes. Das eine ist unser Wollen und das andere das, was wir tatsächlich bewirken. Integrität, die eine Inspiration für andere ist, setzt eine weitgehende Übereinstimmung zwischen den für mich relevanten Werten und meinem Handeln voraus. Wenn Sie zur Bestimmung Ihres Selbstverständnisses als Führungskraft den Rückbezug gewählt haben, werden Sie ein hohes Maß an Übereinstimmung sicherstellen können. Andernfalls kann ein Personalberater-Test hilfreich sein. Personalberater hinterfragen häufig die Wertvorstellung der Kandidaten und lassen sich im späteren Verlauf des Assessments von schwierigen Entscheidungen berichten, die der Kandidat getroffen hat. Lässt sich zwischen diesen beiden Feldern kaum Übereinstimmung erkennen, dann geht es wohl eher darum, Eindruck zu erzeugen statt Integrität zu beweisen.

Mit folgender Frage lässt sich die Konsistenz überprüfen: Wenn eine dritte Person Ihre Mitarbeiter fragen würde, was Ihnen wirklich wichtig ist, was würden sie antworten? Stimmen diese angenommenen Antworten mit Ihren Werten überein?

2

Vision

Sie vermitteln
eine attraktive Vorstellung
von der Zukunft

If you are working on something exciting that you really care about,
you don't have to be pushed.
The vision pulls you.
Steve Jobs

Zu unserem Leidwesen scheiden sich an kaum einem Begriff so sehr die Geister wie an der Vision. Kein „all hands call" oder „town hall meeting", in dem nicht früher oder später die Frage auftaucht: „Was ist eigentlich unsere Vision?" Man spürt förmlich die Ambivalenz, wenn der Begriff den Raum erobert. Wenn keine Vision existiert, scheint den Mitarbeitern etwas zu fehlen, ist eine Vision formuliert, hilft das unerfreulicherweise nicht in allen Situationen und die Zweifler begehren auf. „Wer Visionen hat, sollte zum Arzt gehen", so ein berühmtes Diktum von Helmut Schmidt. Vorbehalte gegen den Begriff Vision werden insbesondere von Menschen vorgebracht, die sich stark über ihren Intellekt definieren. Dafür mag es gute Gründe geben, wenn man sich mit der Herkunft des Begriffes Vision beschäftigt. Sie finden im etymologischen Wörterbuch: „Vision ist eine göttliche Weissagung an Auserwählte über einen Zukunftszustand" – das wollen wir nicht ernsthaft im Führungsalltag als Anspruch vertreten, oder? Wenn Sie zwei Zeilen weiterlesen, wird es noch schlimmer: Da wird Vision im medizinischen Szenario erklärt und es heißt: pathologischer Befund bei Wahnkranken. Autsch.

„Die Nachfrage nach Zukunft wird häufig in der Führung unterschätzt."

Beide Herkunftsfelder werden der Bedeutung von Visionen im aktuellen Unternehmensalltag nicht gerecht und erschweren die Beschäftigung mit diesem aus unserer Sicht notwendigen Begriff. Dass sich Unmengen an Buchautoren und Generationen von Beratern dem Thema Vision mittels Trendforschung genähert und kluge Ratschläge präsentiert haben, fördert ebenfalls nicht unbedingt den Blick in die Zukunft. „Vision und Purpose haben die Tendenz zum Bullshit Bingo", so bringt einer unserer Gesprächspartner eine häufig anzutreffende Skepsis auf den Punkt. Bei diesen Betrachtungen darf auch die „Mission", ein weiterer Begriff religiösen Ursprungs, nicht fehlen – „Vision und Mission" sind meist so untrennbar miteinander verbunden wie Pfeffer und Salz.

Wir hören die Zweifel, möchten aber gut begründet widersprechen. Ohne eine klare Vision, ohne einen ambitionierten Blick auf das Morgen, bleiben Unternehmen im Klein-Klein des Tagesgeschäftes stecken und verspielen ihre Zukunft. Die Erfolge der Vergangenheit sind keine Garantie für die Zukunft. Vorausschauende Führung löst sich von den aktuellen Problemen und macht ein Angebot zur Erneuerung. Daniel Metzler, Gründer und CEO von Isar Aerospace, sagt: „Vision fällt uns leicht. Wir müssen größer denken. Wir denken in Europa oft zu kleinkariert." Er macht deutlich, dass ein Management, welches sich nur den Herausforderungen der Gegenwart stellt, nicht reicht. Im besten Fall bleibt nur die Reaktion.

Schauen wir uns einmal an, wie man jenseits des Atlantik groß denkt. Es ist der 9. Januar 2001. Ein herrlicher Dienstagmorgen in San Francisco. Das Moscone Center ist San Franciscos größter Ausstellungskomplex. Um 9.00 Uhr betritt Steve Jobs in der South Hall des Esplanade Ballroom vor der versammelten Apple Community die Bühne. Es war der gewohnte Start in das Apple-Jahr und die Fans sowie die versammelte Presse warteten begierig auf die Neuigkeiten aus erster Hand. Vorgestellt wurde von ihm das neue Betriebssystem Mac OSX und ein Power Mac G4 Update. Das alles war im Vorfeld erwartet worden. Aber dann wurde es ungewöhnlich spannend.

Jobs: „Ich möchte euch gern erzählen, was wir vorhaben. Was ist unsere Vision?" Jobs sprach an diesem Vormittag in aller Öffentlichkeit über Apples Vision, die sich zum damaligen Zeitpunkt radikal von der Ausrichtung der gesamten IT-Branche unterschied. Der Werbeclaim von Apple passte:

„Think different!“ Während viele Hersteller nicht so recht wussten, was die Zukunft des PC sein sollte, sprach Jobs voller Begeisterung vom dritten goldenen Zeitalter des PC, genauer des Macs. Er beschrieb leidenschaftlich die Entwicklung in Richtung eines Digital Lifestyle mit Camcordern, Mobiltelefonen, MP3-Spielern oder Digitalkameras. Für diese Geräte sollte der Mac eine zentrale Rolle übernehmen, so seine Vorstellung. „Als Hub hat der Mac alle Voraussetzungen, um für all diese Geräte einen echten Mehrwert zu liefern.“ Jobs brauchte für die Vorstellung seiner Digital-Hub-Vision exakt 7 Minuten und 30 Sekunden. Noch heute ist es inspirierend, sich diese Präsentation anzuschauen *(https://www.youtube.com/watch?v=lmvmtmqqbeI&t=14s).*

Damit war der Kern von Apples Weg für das neue Jahrtausend klar beschrieben: Die integrierte Verbindung aus neuer Hardware und smarter Software, die sich wechselseitig bereichern und auf diese Weise völlig neue Produkte (iPod) und Services (iTunes) möglich werden lassen. Eine Strategie, die für die kommenden zehn Jahre zum Maß für eine ganze Industrie wurde und unsere mobile Welt entscheidend verändert hat.

Beeindruckend an Jobs Digital-Hub-Vision ist nicht nur die prophetische Weitsicht, die, was den Zeitraum betrifft, für die IT-Branche ungewöhnlich ist. Bemerkenswert ist vor allem die Fähigkeit, einen attraktiven Ausblick auf die Zukunft in wenigen Minuten so unterhaltsam auf den Punkt zu bringen, sodass Lust auf das Kommende entsteht. Hier verschmelzen zwei Faktoren. Zum einen überhaupt eine Vorstellung davon zu entwickeln, wie die nächsten Schritte in die Zukunft aussehen könnten und zum anderen die Fähigkeit, diesen Entwurf für das Neue attraktiv zu vermitteln. Beides ist Führungsaufgabe. Denn die Nachfrage nach Zukunft wird häufig in der Führung unterschätzt. Wir dürfen davon ausgehen, dass Mitarbeiterinnen und Mitarbeiter sich mehr Gedanken über morgen machen, als man auf den ersten Blick ahnt. Sie registrieren durchaus, ob Führungskräfte eine klare Vorstellung von der Zukunft haben und ob die Zukunft in dem, was sie vermitteln, dunkel erscheint oder hell erstrahlt und ob sich dafür persönlicher Einsatz lohnt.

Was die Menschen dabei empfinden, ist nicht unerheblich, denn warum sollte sich jemand auf den Weg machen wollen, wenn die Vision unattraktiv oder unerreichbar ist? Eine der wichtigsten Aufgaben für Führungskräfte ist die Steuerung der Aufmerksamkeit. Das setzt voraus, dass mindestens die Führung eine klare Vorstellung davon haben sollte, was man gemeinsam erreichen will. Diese Vorstellung muss so vermittelt werden, dass Energie erzeugt wird, das starke Bedürfnis, dabei sein zu wollen. Ein anderes Wort dafür ist Inspiration.

Natürlich hat niemand eine Glaskugel, aber wir verfügen über Vorstellungskraft. Wir können das, was wir erreichen wollen, beschreiben und mit anderen darüber sprechen. Entscheidend ist aber, dass Führung zunächst einmal die Zukunft überhaupt im Blick hat. Fragt man Führungskräfte, was neben der täglichen Führungsarbeit ihre eigentliche Aufgabe ist, dann kommt sehr schnell die Antwort: über das Heute hinausdenken, das Kommende im Fokus haben. Fragt man nach, ob sie diesem Anspruch gerecht werden, bekennen Führende: viel zu wenig. Ihnen fehlt im Tagesgeschäft dafür häufig die Zeit. Das Dringende schiebt sich permanent wieder vor das Wichtige. Immer schneller, scheint das allgemeine Motto zu sein. Schneller ist allerdings kein Wert an sich. Es gibt ein jüdisches Sprichwort: „Schlaft schneller, wir brauchen die Kissen." Wir haben oder nehmen uns zumindest keine Zeit, um aus dem üblichen Handlungsablauf hinauszutreten und in Alternativen zu denken. So findet Zukunft nicht statt oder wird im besten Fall vertagt.

Noch demotivierender wird es, wenn die Vorstellung der verantwortlichen Führungskräfte nicht nach vorn, sondern konsequent rückwärtsgerichtet ist. Mit leicht verklärter Sehnsucht wird der Vergangenheit nachgetrauert. „Weißt du noch, früher… damals hatten wir noch... heute hat ja keiner von uns... wenn die jungen Leute wüssten, was wir damals…" Nichts gegen eine nostalgische Vision bei einzelnen Protagonisten, aber wenn diese Ausrichtung zum beherrschenden Trend wird, entspricht das einem Autofahrer, der sein Reiseziel mit festem Blick in den Rückspiegel ansteuert. So wird die Chance vertan, in schwierigen Zeiten eine neue Sicht einzunehmen, nach vorne zu schauen und die Zukunft gemeinsam zu erobern.

Wesentlich für Inspiration ist aber nicht nur, dass Führungskräfte überhaupt eine klare Vorstellung davon haben, wohin sie wollen, sondern vor allem auch, wie einladend sie diese Vorstellung dem Team vermitteln. Denn davon hängt letztlich ab, ob andere mitmachen. Eine Vision, ökonomisch hergeleitet nach dem Motto, „da wollen wir hin, weil wir in unserem Marktsegment die Nr. 1 werden wollen", ist kreatives Schrottwichteln. Wir werden später noch ausführlicher auf das Thema Sinn eingehen. Aber so viel sei angedeutet: Profit ist das Ergebnis, wenn wir tun, was uns bedeutsam erscheint – nicht der Zweck.

„Wir werden am Ende unserer Fusion der erste vertikal voll-integrierte Anbieter von medizinischen Sportgeräten sein." Schade, Chance vertan! Wir dürfen bei unserem Blick nach vorn sehr wohl den Verstand ansprechen, aber wenn es um überzeugende Angebote für die Zukunft geht, kommt es vor allem darauf an, die Herzen zu gewinnen. Vernunft allein reicht nicht, sie muss emotional eingebettet sein. Martin Luther King hat nicht gesagt „I have a plan". Er hat gesagt „I have a dream". Ohne die erfolgreiche Ansprache der Emotionen, ohne ein überzeugendes Narrativ, keine Wunschenergie für den langen Weg zur Vision. Wir alle erinnern, denken und handeln in Geschichten. Der Homo sapiens ist, wie Werner Siefer treffend formuliert, ein Homo narrans. Wir sind die Geschichten, die wir erzählen. Sie beeinflussen, was wir sehen, was wir ausblenden und was wir tun. Wir erschließen uns selbst und anderen unsere Wirklichkeit durch Geschichten. Martin Luther Kings narrative Vision hat am 28. Februar 1963 die Herzen von mehr als 250.000 Menschen erreicht. Wenn er davon spricht, dass er einen Traum hat, dann ist der Traum ein anderes Wort für Vorstellungsvermögen. Wie wollen wir eine Zukunft erschaffen, die sich vom aktuellen Zustand unterscheidet, wenn wir nicht von Zeit zu Zeit träumen? Der Schriftsteller und Filmemacher Alexander Kluge bringt es auf den Punkt: „Wer seine Träume ernst nimmt, hat einen Vorrat an Hoffnung. Das ist eine knappe, also eine kostbare Ressource."

Die Vision ist ein Wunschbild Ihres Unternehmens in der Zukunft, aber ein konkretes. Ein Bild, das zwar ambitioniert, aber eben auch realistisch ist. „Die große Linie muss klar sein, strategisch und taktisch. Was will man erreichen?", so beschreibt es Joachim von Schorlemer. Und weiter: „Ziele müssen erreichbar sein, sonst wirken sie demotivierend." Zukunft ohne Realitätsdichte ist eine Utopie. Genauso wie Realitätsdichte ohne Zukunft im Status quo steckenbleibt. Die beiden Dimensionen bedingen einander. Für die unternehmerische Praxis hilft erst einmal folgende Frage: Kann ich heute beschreiben, wie das Unternehmen, unser Bereich, unsere Abteilungen in fünf bis zehn Jahren aussehen werden? Habe ich heute eine klare Vorstellung von unserem Reiseziel? Vision ist dabei Zielbild – nicht Weg. Welche Schritte notwendig sind, das zu beantworten ist Aufgabe der Strategie.

Noch einmal Daniel Metzler: „Es ist faszinierend, es zu machen, obwohl alle sagen, es funktioniert nicht. Anders heranzugehen als bisher." Er sagt aber auch, dass es nicht leicht ist, dranzubleiben an einem Projekt, dessen Früchte man erst in fünf Jahren sieht. Man müsse daher die Vision sinnvoll herunterbrechen in erreichbare Einheiten. Besucht man das Unternehmen Isar Aerospace und hört dem Gründer Daniel Metzler zu, so spürt man förmlich, welche Kräfte es freisetzt, gemeinsam einer Vision zu folgen, die vorher so zumindest in Europa noch niemand erreicht hat. Die aber – ganz entscheidend! – erreichbar ist. Genau hier liegt der Unterschied zwischen abstraktem, flott klingendem Management-Sprech und einer energiespendenden, attraktiven Vorstellung von der Zukunft. „Wir schaffen das" reicht nicht. „Lass uns überlegen, wie der Weg aussieht und warum er sich lohnt", ist unverzichtbarer Bestandteil einer tragfähigen Vision, besser: Vorstellung von der Zukunft.

Das Bild vom Weg impliziert auch eine bestimmte Richtung. „Direction is more important than speed." Man kann auch mit Vollgas in die falsche Richtung fahren. Bis man den Irrweg realisiert, die Richtung ändert und wieder Vollgas gibt. Macht man das ein paarmal hintereinander, so ist jede Organisation ermattet von der hektischen Beschäftigung mit sich selbst, und wieder bzw. immer noch am Ausgangspunkt. An dieser Stelle wird deutlich, dass die konkrete Vorstellung in Richtung Zukunft, die Vision, langfristiges Denken und dauerhafte Orientierung in ein Unternehmen bringt. „Klarer Kurs mit klarem Ziel", so beschreibt es Christian Kullmann, der Vorstandsvorsitzende von Evonik. Eine inspirierende Vision bündelt Energie und fokussiert die Aufmerksamkeit aller Beteiligten.

Ähnlich schildert auch General Hans-Lothar Domröse die militärische Führungsaufgabe: „Erstmal nähert man sich rational, sucht Fakten, die möglichst unumstößlich sind. Eine Zahl ist eine Zahl. Daraus formuliert der Kommandeur seine Vorstellung – a commander's vision –, die auf die konkrete Situation bezogen sein muss. Man berät diese Vorstellung, testet und überprüft sie kritisch – initial intent – consult and listen carefully – intent". Auf diese Weise entsteht ein Rahmen, innerhalb dessen sich die verschiedenen Teile der Armee auf das gemeinsame Ziel und Vorgehen ausrichten und koordinieren können. „Dann muss man die Bedingungen dafür schaffen, dass die Ziele auch erreicht werden können. Zur Aufgabe der Führung gehört es, den Weg freizuräumen, den Störquatsch abzuräumen", so General Domröse.

„Alles könnte auch ganz anders sein."

Gerät ein Unternehmen in eine Krise, so gewinnt meist schnell die Kurzfrist-Perspektive die Oberhand. Wie lange reicht das Geld? Gelingt die Anschlussfinanzierung? Wann wird der lang ersehnte Auftrag unterschrieben? Dabei ist eine Vision ganz besonders auch in Zeiten der Krise von elementarer Bedeutung. So ist es oft die größte Herausforderung bei Restrukturierungen, sich einerseits vom Personal zu trennen und gleichzeitig das verbleibende Team umso enger zusammenzuschweißen und auf mehr und intensivere Arbeit einzuschwören. Das geht nur, wenn klar ist, wohin die Reise geht und warum es sich lohnt, den Schmerz der Gegenwart zu ertragen.

Anfang der sechziger Jahre befand sich Amerika in einer Situation tiefster Desorientierung und Zweifel an der eigenen Technologiekompetenz, insbesondere, was die Eroberung des Alls betraf. Auf dem Gebiet der Weltraumfahrt war die UdSSR den USA ständig einen Schritt voraus. Die Sowjetunion hatte 1957 Sputnik 1 erfolgreich in die Umlaufbahn geschossen, die Sowjetunion hatte mit Laika das erste Lebewesen in die Umlaufbahn gebracht und schließlich glückte der Sowjetunion mit Wostok 1 und Juri Gagarin im April 1961 der erste Flug eines Menschen in das Weltall. In der Zwischenzeit explodierten den Amerikanern die Raketen auf der Abschussrampe. Es gab zahlreiche Fehlschläge mit der Folge tiefer Depression in den Vereinigten Staaten. Für die USA war das besonders schmerzhaft, da sie sich maßgeblich über technologische Führerschaft definierten.

Vor diesem Hintergrund hielt der damalige Präsident John F. Kennedy am 25. Mai 1961 vor dem amerikanischen Kongress eine Rede, in der er sagte:

„I believe that this nation should commit itself to achieving the goal, before this decade is out, of landing a man on the moon and returning him safely to the earth."

Mit dieser Vision verpflichtete Kennedy nicht weniger als eine ganze Nation. Es gelang ihm, die Energie hunderttausender Menschen zu bündeln. Alle, die an dem Projekt beteiligt waren, hatten eine klare Vorstellung davon, was sie wollten. Sie glaubten daran, dass diese spektakuläre Vorstellung von der Zukunft Wirklichkeit werden kann.

Kennedy hat damit nicht nur dem Apollo-Programm den initialen Schub gegeben, sondern einen inspirierenden Beitrag geleistet, einen Menschheitstraum zu erfüllen und zum Mond zu fliegen. An dieser Vision haben in den folgenden acht Jahren über 400.000 Menschen Tag und Nacht gearbeitet. Eine gewaltige Anstrengung. Am 21. Juli 1969 um 03:56:20 Uhr mitteleuropäischer Zeit betrat Neil Armstrong als erster Mensch den Mond. Die Inspiration der Kennedy-Rede lag nicht darin, dass wir diesem Unterfangen zum Beispiel auch die Teflon-Pfanne verdanken. Der Sinn geht auch über den zweifelsohne wichtigen militärischen Nutzen weit hinaus. Kennedys Vision, und das ist die eigentliche Leistung, hat Amerika aus seiner Depression herausgeführt. Amerika hatte sein Selbstbewusstsein zurückgewonnen.

Natürlich reicht der Glaube allein nicht über eine lange Zeit. Entscheidend ist, die Vision erlebbar zu machen und in gangbare Schritte zu zerlegen, damit entlang des Weges immer wieder Erfolgserlebnisse möglich sind. „Never lose your ability to celebrate your victories", verrät Paul Achleitner ein Rezept aus schwierigen Zeiten. Es wird deutlich, dass inspirierende Führung kein Schönwetter-Rezept ist, sondern kritischer Erfolgsfaktor überall dort, wo es darauf ankommt, dass Menschen „mitziehen". Zur Vision in Krisenzeiten gehört auch, dass die Top-Führungskräfte spürbar werden lassen, dass sie selbst an die bessere Zukunft glauben und auch bereit zu persönlichen Einschränkungen sind. Wer als Sanierungs-Söldner einschreitet und mit Erfolgsprämie wieder weg ist, sobald die Refinanzierung steht, hat vielleicht das Unternehmen vor der unmittelbaren Pleite gerettet, aber noch längst keine Zukunft ermöglicht.

Gern greifen Unternehmen in Krisenzeiten auf bewährte Rezepte zurück: Wir machen einfach mehr vom selben, das hat uns schließlich erfolgreich gemacht. Das mag für die berühmten Cash Cows gelten, aber es ist eine Illusion, dass etwas, was heute funktioniert, morgen genauso funktionieren wird. Eine Zukunft wird ein Unternehmen nur haben, wenn wir über die Gegenwart hinaus denken und handeln. Eine inspirierende Vision zeigt eine Ambition auf, die sich erkennbar vom Status Quo unterscheidet. Sie offenbart, was möglich ist. Sich dieses Möglichkeitsbewusstsein zu erhalten ist notwendig, wenn man andere inspirieren möchte. Visionäre Führungskräfte geben sich nicht mit dem Zustand des Heute zufrieden. Sie sehen stärker die Chancen einer Entwicklung, die sie vorantreiben wollen. Steve Jobs hat diesen Gedanken in seiner Zeit als CEO von Next in einem Interview entfaltet. „Das meiste, was uns umgibt, ist von Menschen gemacht, die nicht smarter sind als man selbst. Also sind die Dinge durch Menschen änderbar." Beispielsweise ist eine bestimmte Art der Zusammenarbeit in Ihrem Unternehmen nichts anderes als von vielen Menschen in vielen Jahren etablierte Gewohnheiten. Diese Gewohnheiten sind niemals endgültig festgelegt. Wir sind umgeben von Konjunktiven, von der Möglichkeitsform. Unsere Zusammenarbeit könnte auch ganz anders sein.

Das setzt voraus, dass Sie sich mit Menschen umgeben, die Lust auf Zukunft haben und denen nicht primär Besitzstandswahrung wichtig ist. Die Sicherheit des Arbeitsplatzes mag für manche Mitarbeiter einen großen Stellenwert besitzen. Dann geht es ihnen allerdings häufig um die Erhaltung des Status Quo, nicht um Aufbruch in eine neue Welt. Wir kennen nicht die Intention der Hamburger Finanzbehörde, aber großflächig auf Plakaten mit jungen Menschen und dem Slogan „Ich bin unkündbar" zu werben, zieht nicht unbedingt Menschen an, die ein starkes Interesse an Dynamik, Fortschritt und Veränderung haben. Aber vielleicht war die Hamburger Kampagne als Realsatire gedacht. Da niemand Visionen allein umsetzen kann, braucht es genügend Menschen, welche die Dinge mit anderen Augen betrachten, die sich, wie Robert Musil es beschreibt, einen Möglichkeitssinn erhalten haben: „Alles könnte auch ganz anders sein."

Zuweilen zeigen uns erst externe Schocks wie die Corona-Pandemie, was wirklich möglich ist und wie wir Zukunft neu denken können. Oder hätten Sie gedacht, dass sich Unternehmen in wenigen Monaten weitgehend erfolgreich auf eine digitale Zusammenarbeit einlassen? Nix ist fix, möchte man vielen Menschen in Unternehmen zurufen, die Prozesse, Abläufe oder ihre Zusammenarbeit mit Kolleginnen und Kollegen als gegeben und damit unveränderlich betrachten. Wir brauchen, siehe oben, diesen Möglichkeitssinn. Hier kann eine Vision einen wichtigen Beitrag leisten, sofern sie klar, verständlich und vor allem positiv vermittelt wird.

Christoph Columbus hätte wohl niemanden für seine waghalsigen Unternehmungen anheuern können, wenn er gesagt hätte: Übrigens, ich glaube nicht, dass wir unser Ziel erreichen werden, ich weiß im Grunde gar nicht genau, wo wir hinfahren, und ich bezweifle, dass wir jemals heil zurückkommen. Er wird anderen vielmehr in leuchtenden Farben beschrieben haben, warum es sich lohnt, in See zu stechen und was man dadurch alles erreichen werde. Mit Sicherheit hätte er keinerlei Unterstützung gefunden, wenn er nicht selbst an sein Vorhaben geglaubt hätte und eine klare Vorstellung entwickelt hätte, wohin die Reise gehen soll. Ohne Iden tifikation keine nachhaltige Überzeugung!

Hier wird wieder die Rolle der Kommunikation deutlich. Eine Vision, für die es sich lohnt, die Komfortzone zu verlassen, muss engagiert vermittelt werden. Die Frage lautet schlicht: Glaube ich an die Vision? Reißt mich die Vision mit? Dabei spielen Frequenz und ein geeignetes Narrativ eine wesentliche Rolle. Visionäre sind einerseits Wanderprediger, die immer wieder den Fokus schärfen: Wo wollen wir gemeinsam hin und warum ist das wichtig? Das tun sie immer und immer wieder, bis jede und jeder die Vision wirklich verstanden hat. Erst wenn man selbst das Gefühl hat, sich wie eine kaputte Schallplatte anzuhören, darf man davon ausgehen, dass die Botschaft tatsächlich bei den Menschen angekommen ist.

Inspirierende Führungskräfte nutzen Geschichten und Bilder, die eine Sehnsucht in uns wecken. Nur wenn wir bei einer Erzählung anfangen, mit unseren Ohren zu sehen, findet eine nachhaltige Verankerung in unserem Bewusstsein statt. Nur dann wird die Vision handlungsleitend für die Mitarbeiter. Wobei dieses Stilmittel natürlich nicht nur bei Visionen für die ferne Zukunft funktioniert. Der belgische Stürmer Divock Origi, der bis 2022 für den Liverpool FC gespielt hat, schildert diese Sehnsucht mit einem Bild, dass Jürgen Klopp der Mannschaft 2019 vor dem entscheidenden Champions League Halbfinale gegen Barcelona mitgegeben hat. „Der Coach hat uns gesagt, wir sollen einen Moment schaffen, von dem wir einmal unseren Enkelkindern erzählen können. Wir sollten es zu einer ganz besonderen Nacht für unsere Fans machen". Jeder, der diesen Worten nachspürt, bekommt eine Ahnung davon, was Bilder bewirken können.

„Stell Dir eine Welt vor, in der jeder einzelne Mensch freien Anteil an der Gesamtheit des Wissens hat." Was uns in Deutschland selbstverständlich erscheint, ist für viele Länder dieser Welt noch eine praktische Herausforderung. Die Vorstellung, dass jede und jeder freien Anteil am gesamten Wissen der Menschheit hat, beschreibt die Vision von Wikipedia. Hier wird bereits im ersten Halbsatz die Imagination angesprochen und ein positives „Nach-vorne-schauen" initiiert. Diese Formulierungshilfe kann der Startpunkt eigener Überlegungen sein: Stell Dir unser Team, unsere Abteilung, unser Unternehmen in der Zukunft vor... was wäre möglich, wenn es uns gelingt, all unsere Fähigkeiten und Ressourcen zu bündeln?

„Nur der, der sich die Gegenwart auch als eine andere denken kann als die existierende, verfügt über Zukunft." Adorno ermahnt uns, kritisch auf die Gegenwart zu schauen. Wir alle haben einen enormen Bedarf an Zukunftserwartung. Das Mögliche, was nur zart am Horizont schimmert, beherzt aufzugreifen und anderen als eine realistische, attraktive Option anbieten zu können, ist die beste Impfung gegen den grassierenden Zynismus. Max Herre feiert das in seinem Lied so wundervoll: „Unsere Zeit, unsere Zukunft, und die lassen wir uns nicht nehmen, ich kann nicht anders als von Hoffnung schreiben, mir ist egal was all die Zyniker uns prophezeien…". Die Zukunft ist offen. Das ist eine gute Nachricht, denn sie kann von uns gestaltet werden.

Folgende Anregungen können helfen, sich dem Thema Vision zu nähern:

Zeigen, woran man selbst glaubt, statt große Worte zu machen

Menschen, mit denen man im Alltag eng zusammenarbeitet, merken schnell, ob man nur so tut als ob. Wenn Sie wollen, dass Ihr Team an Ihre Vision glaubt, muss deutlich werden, dass Sie selbst an etwas glauben - zum Beispiel an eine gemeinsame Zukunft. Also nicht nur an Ihre eigene Zukunft. Sie müssen dabei nicht gleich als Begründung mit einer SWOT-Analyse um die Ecke kommen. Vielleicht hilft es schon, wenn Sie erst für sich, dann mit anderen folgende Fragen beantworten: Wo sehe ich Herausforderungen, wo Chancen für unseren Bereich oder unser Unternehmen? Welchen Weg sollten wir Ihrer Meinung nach einschlagen? Was erfüllt Sie mit Hoffnung? Worauf freuen Sie sich in der Zukunft? Ja, wir wissen, dass es für die Beantwortung solcher Fragen Zeit braucht, die sie scheinbar nicht haben. Bei welcher Tätigkeit kommen Ihnen die besten Ideen? Richtig, beim Denken. Schaffen Sie sich dafür Freiräume. Entziehen Sie sich, wo immer es geht, dem „Sofortismus" wie es Rainald Goetz nennt.

Beantworten Sie sich diese und ähnliche Fragen zunächst selbst, dann einer Person Ihres Vertrauens. Bitten sie explizit um kritisches Feedback. „Wo ist in meinen Überlegungen der Denkfehler?“ „Was erscheint nicht schlüssig, nicht zu Ende gedacht?“ Dann können Sie mit Ihrem Team in den Dialog treten.

Immer wieder mögliche Wege in die Zukunft beschreiben, statt die Entwicklung am Markt zu beklagen

Der Markt wird nicht automatisch für Sie arbeiten. Es wird zu jeder Zeit Entwicklungen geben, die für Ihr Unternehmen nicht günstig sein müssen. Im Angesicht dieser Herausforderungen ist es Aufgabe der Führung, dem Unternehmen eine Zukunft zu sichern. Dazu ist es hilfreich, immer wieder mögliche Perspektiven und Wege abzuklopfen. Soweit ein Weg vorstellbar ist, kann er beschrieben werden. In unserem Kopf können wir mögliche Szenarien entwickeln. Dann können wir miteinander darüber reden, Alternativen erwägen, unterschiedliche Perspektiven ausprobieren. Edna Schöne berichtet von ihren Erfahrungen mit der Veränderungslandkarte. Das Führungsteam fragt sich anhand einer Liste von Dringlichkeiten: Was muss sich verändern, damit das Unternehmen eine Zukunft hat? Auf dieser Basis wird eine Veränderungslandkarte erstellt, die als Rahmen für die jährlichen Ziele dient. Wie wird sich unsere Welt in den nächsten Jahren verändern? Was davon ist relevant für uns und wie können wir darauf geeignet reagieren? Wichtig ist, sich der Ressourcen bewusst zu sein und die Handlungsoptionen im Auge zu behalten. In einer Welt der Kritiker und Bedenkenträger ist es sehr inspirierend, wenn Führungskräfte attraktive Alternativen glaubwürdig vermitteln. Wenn sie etwas für möglich halten, was andere bezweifeln.

Sich von den Erfolgsrezepten der Vergangenheit zu lösen, ist eine der anspruchsvollsten Aufgaben, denen Sie sich als Führungskraft stellen können. Üben Sie immer wieder, Möglichkeiten und Chancen für zukünftige Wege zu identifizieren und im Gespräch mit anderen auch gegen Widerstand zu vertreten. Unterschätzen Sie dabei nicht Humor. Er macht es viel leichter, gemeinsam mit anderen einen neuen Weg einzuschlagen.

Blick über den Tellerrand, statt im eigenen Saft zu schmoren

Unsere Zukunft hängt nicht nur davon ab, wie wir uns als Unternehmen aufstellen, sondern von vielen verschiedenen Faktoren, die uns als Gesellschaft insgesamt betreffen. Deshalb dürfen wir mögliche Entwicklungen nicht nur aus dem Blickwinkel unserer Branche betrachten. Viele Hinweise für künftige Szenarien bekommen wir aus ganz anderen Feldern:

Politische, soziale, technologische, auch kulturelle Entwicklungen bestimmen, was für uns als Unternehmen zur Herausforderung wird. Informieren Sie sich umfassend und vielfältig! Schauen Sie, wo Sie Referenzpunkte finden. „Space X ist die Referenz der Branche, ohne die es die heutige Raumfahrt so nicht geben würde", so Daniel Metzler. „Als Mitte der achtziger Jahre in Deutschland niemand wusste, was Investment Banking ist und wir Goldman Sachs in Frankfurt gründeten, haben wir gesagt, wir wollen das McKinsey des Investment Banking werden. Damit war der Anspruch klar", so Paul Achleitner. Bleiben Sie neugierig und beobachten Sie, was in anderen Branchen geschieht und bauen Sie sich ein persönliches Frühwarnsystem, dass zeitnah Veränderungen registriert und Ihnen zurückmeldet.

Sprechen Sie mit anderen über gesellschaftliche und wirtschaftliche Entwicklungen, die Sie wahrnehmen und erörtern Sie Herausforderungen und Möglichkeiten, die sich für das eigene Unternehmen ergeben könnten. Vor allem: Umgeben Sie sich mit Menschen, die üblicherweise nicht in Ihrer Nähe sind. Das können die Quellen sein, die Ihnen völlig neue Perspektiven für die eigene und die Zukunft Ihres Unternehmens aufzeigen. Wenn Sie mutig sind, dann setzen Sie sich mit Ihren Kunden an einen Tisch und tauschen sich über ihre Einschätzungen aus.

3

Sinn

Sie sprechen mehr
über das Warum
als über das Wie

Most of us live our lives by accident –
we live as it happens. Fulfillment comes
when we live our lives on purpose.
Simon Sinek

Warum tun Sie, was Sie tun? Halt, nicht so schnell. Die Frage ist ernst gemeint. Je länger man in einer Funktion arbeitet, desto eher stellt man sich die Frage nach dem Sinn seiner Tätigkeit. Warum stehen Sie morgens auf und gehen zur Arbeit? Weil Sie Geld bekommen wollen, um sich einen bestimmten Lebensstandard leisten zu können. Einverstanden. Aber diese finanzielle Ausstattung könnten Sie in vielen beruflichen Feldern erwerben. Warum tun Sie ausgerechnet genau das, was Sie tun? Welchen Sinn schreiben Sie Ihrer Tätigkeit zu?

Als hilfreich hat sich die Unterscheidung zwischen dem Sinn der Arbeit und dem Sinn in der Arbeit erwiesen. Werfen wir zunächst einen Blick auf den Sinn in der Arbeit. Wer ein individuelles Warum hat, besitzt eine wesentliche Quelle, um sich selbst zu inspirieren. Nun ist das „Finden" eines individuellen Sinns nicht trivial. Die Hoffnung auf eine zufällige, plötzliche Entdeckung möchten wir gleich im Keim ersticken. Hier spielt uns mal wieder ein Übersetzungsanglizismus einen Streich. „It makes sense" funktioniert im Deutschen so nicht. Sinn können wir nicht machen oder backen wie einen Kuchen. Auch wenn manche Berater das behaupten. Sinn ist etwas, das wir einer Sache radikal subjektiv zuschreiben. Wir geben den Dingen ihren Sinn. Sinn ist also eine intellektuelle Leistung, die von jedem von uns selbst vollzogen wird und sich nicht aus sich selbst heraus ergibt. Was die einen als sinnvoll erleben, mag für die anderen komplett sinnfrei sein.

Nach dem Sinn unseres Tuns zu fragen hat eine tiefe Tradition. Lange bevor uns der Sinn in den Sinn kam, hat sich Aristoteles mit der Frage beschäftigt, was uns von anderen Lebewesen unterscheidet, was unser Zweck (télos) oder unsere Aufgabe (ergon) ist. Es steckt ein deutliches Grundinteresse in jedem von uns, dass wir nicht einfach nur einen Job erledigen wollen, sondern dass unser Handeln erstens einen Unterschied macht und zweitens einer Sache dient, die uns und/oder anderen wirklich wichtig ist. Psychologen umschreiben den ersten Teil mit dem Begriff Selbstwirksamkeitserwartung. Das Gegenteil davon ist Ohnmacht. Hier wird bereits erkennbar, wie wichtig beide Teile für inspirierende Führung sind.

Kehren wir zur Ausgangsfrage zurück. Warum tun Sie, was Sie tun? Die Beantwortung dieser Frage ist keine intellektuelle Spielerei. Sie ist wesentlich für uns, da sie nach innen unsere Persönlichkeit und nach außen unsere Wirkung entscheidend prägt. Christian Uhle bringt es auf den Punkt: „Durch ihren Sinn erhält ihr Dasein seine Form; sie haben einen übergeordneten Kompass …" Ähnlich der Auseinandersetzung mit den eigenen Werten dient uns die Frage nach dem Sinn unseres Handelns als Fundament, um in einer komplexen Welt ein Mindestmaß an Orientierung zu haben. Nach unserem Verständnis haben alle inspirierenden Führungspersönlichkeiten eine glasklare Antwort auf die Frage, warum sie tun, was sie tun. Sie glauben an einen Zweck, der größer ist als sie selbst. Wie Sie diese Frage für sich selbst beantworten, bleibt selbstverständlich Ihnen überlassen.

Einen Impuls möchten wir Ihnen aber doch mitgeben. Auf der persönlichen Ebene mag das japanische Wort Ikigai hilfreich sein. Häufig wird es vereinfacht mit Lebenssinn übersetzt. Vielmehr ist Ikigai aber ein Zusammenspiel mehrerer Komponenten und nur dadurch kann es zu einer Lebensphilosophie werden. Es beschreibt den „sweet spot" aus folgenden Elementen:

1. Was können Sie wirklich gut? Worin sind Sie erkennbar besser als andere? Was fällt Ihnen leichter als anderen?

2. Was lieben Sie? Was tun Sie gern und vor allem mit Freude? Bei welcher Tätigkeit haben Sie häufiger Flow-Erlebnisse?
3. Was davon braucht die Welt? Womit können Sie einen positiven Fußabdruck für die Gesellschaft hinterlassen?
4. Wofür sind andere bereit, Sie zu bezahlen? Wo existiert eine Nachfrage, die anderen etwas wert ist?

Aristoteles wird der Gedanke zugeschrieben: Wo die Bedürfnisse der Welt auf deine Talente treffen, da liegt deine Bestimmung. Um allerdings die beschriebenen Fragen mit Substanz beantworten zu können, bedarf es einer intensiven Auseinandersetzung und Selbstreflektion. Nützlich könnte hierfür ein Journal sein, welches Sie über einen längeren Zeitraum begleitet und in dem Sie mindestens auf Wochenbasis schriftlich über die vier Fragen reflektieren. Unterschätzen Sie nicht die Wirksamkeit kleiner Schritte, die Sie konsequent nachhalten. James Clear: „Goals are good for setting a direction, but systems are best for making progress." Wobei Sie inhaltlich den Spieß auch umdrehen können. Manchen geht dieses Vorgehen leichter von der Hand. Wovon bekommen Sie einen dicken Hals? Bei welchen Entscheidungen haben Sie das Gefühl, dass diese gegen Ihr Innerstes verstoßen? Halten Sie diese Punkte systematisch fest und Sie werden Muster erkennen.

„Die Frage nach dem Sinn des Lebens ist erst dann endgültig beantwortet, wenn sich die Frage nicht mehr stellt."

Diese Notizen sind nützlicher Ausgangspunkt, um seine persönlichen Präferenzen zu identifizieren und diese wiederum helfen, sein Ikigai zu formulieren. Wann habe ich nun aber die Frage nach meinem persönlichen Sinn wirklich beantwortet? Abgesehen davon, dass sich in unterschiedlichen Lebensphasen Ihre Antworten auf Grund der gesammelten Erfahrungen verschieben werden, mag es einen Indikator geben, der Ihnen aufzeigt, dass Sie sich zureichend mit dem Zweck ihres Tuns auseinandergesetzt haben. Wahrscheinlich ist die Frage nach dem Sinn erst dann endgültig beantwortet, wenn sich die Frage nicht mehr stellt. Bis dahin lohnt es sich, unterwegs zu bleiben.

Für viele Menschen ist die Erkenntnis überraschend, dass es einen Sinn in der Arbeit gibt, sofern man ihn tatsächlich wahrnimmt. Schmerzhaft wird uns das erst in den Momenten bewusst, in denen wir keine Arbeit mehr haben. Wenn Sie sich mit Langzeitarbeitslosen unterhalten und fragen, was besonders vermisst wird, dann werden viele Facetten genannt. Neben ganz praktischen Einschränkungen im Täglichen geht es aber immer wieder um fehlenden Sinn. „Die Tage fließen ineinander, das Leben hat keine Struktur mehr." Und dann der Satz: „Wozu soll ich morgens aufstehen?" Eine Frage, die sich zuweilen auch Pensionäre stellen. Wenn der Sinn, den wir aus der Arbeit gezogen haben, fehlt und kein sinnvoller Ersatz vorhanden ist, spüren wir, dass uns etwas sehr Elementares abhandengekommen ist. Wir sollten daher Arbeit nicht gleich von vornherein bei der Sinnsuche aussparen.

Drehen wir diesen Gedanken einmal um, können wir gleich etwas optimistischer auf die Arbeit blicken. Wenn Sie lieben, was Sie tun, dann wird Ihre Tätigkeit zu einer Quelle von Energie. Eine positive Beziehung zur Arbeit und eine hohe individuelle Bedeutsamkeit sind ein wichtiger Schutz vor Belastungen (Resilienz) und wahrscheinlich sind Sie ebenfalls deutlich produktiver. Das bedeutet nun nicht, dass Sie alles an Ihrer Tätigkeit lieben müssen. Wie viel Liebe braucht es im Job? Daten der Mayo Clinic bei Ärzten und Krankenpflegepersonal lassen darauf schließen, dass 20% ein relevanter Richtwert ist. Mehr als 20% verschafft Ihnen übrigens nicht mehr Resilienz. Aber bestimmte Teile seiner Arbeit zu lieben, weil Sie darin Erfüllung, ihren Sinn finden, das bewirkt offenbar viel.

Was für den Einzelnen gilt, betrifft in den letzten Jahren zunehmend die unternehmerische Perspektive und berührt besonders unser Thema Führung. Traditionelle Führung setzt auf technokratisches Management, inspirierende Führung setzt auf die Wirkung eines Sinns, der die Leidenschaft in den Mitarbeitern wecken kann. Sinn und Führung sind natürliche Verbündete. Richard David Precht spricht davon, dass wir uns von einer Erwerbsgesellschaft in eine Sinngesellschaft verwandeln. Und spätestens seit 2019, als Larry Douglas Fink, CEO von Blackrock und treibende Kraft der größten Investmentgesellschaft der Welt, seinen Brief mit dem Titel „Purpose & Profit“ an die CEOs dieser Welt verschickte, war auch dem letzten CEO klar, was die Stunde geschlagen hat. „Es besteht kein Zweifel, dass das Paradigma sich weg vom kurzfristigen Gewinn und hin zum langfristigen Unternehmenszweck – dem Purpose – entwickelt“, so Larry Fink. Das hat ganze Heerscharen von Purpose-Beratern oder Agenturen in Bewegung versetzt, um mit dem C-Level und zuweilen der gesamten Belegschaft in Workshops an dem unternehmerischen Sinn zu feilen. Aber gleichgültig, um welches Unternehmen in welcher Branche es sich handelt – eine Organisation kann einen Purpose haben (die Antwort auf ein warum oder wofür), aber keinen Sinn empfinden. Das können nur Menschen. Woher soll ich wissen, ob das kunstvoll, meist auf Englisch, gemeißelte Purpose Statement beim Betriebsarzt, beim Pförtner und bei der Controlling-Leiterin gleichermaßen verfängt?

Wir meinen daher, dass Unternehmen einen Kardinalfehler begehen, wenn sie sich mit der Frage nach dem „Purpose“ nur auf der Ebene der Organisation befassen. Vielfach zu besichtigendes und zwangsläufiges Ergebnis ist dann eine Aussage, deren Abstraktionsgrad in den seltensten Fällen Relevanz ausstrahlt, geschweige denn Inspiration. Das Gefährlichste an diesem Vorgehen ist jedoch, dass das Führungsteam zu der Annahme verleitet wird, die Arbeit sei getan. Man könne „Purpose“ also an die zuständige Fachabteilung delegieren. Von Terry Smith, einem der zehn größten Aktionäre von Unilever, stammt der berühmt gewordene Satz: „A company which feels it has to define the purpose of Hellmann´s mayonnaise has in our view clearly lost the plot.”

Bleibt die Frage, woher das Bedürfnis nach Sinn in den Unternehmen rührt? Ist etwas verloren gegangen, was für lange Zeit klar war? Während die Bindungskraft klassischer Religionsgemeinschaften in unseren Breiten rapide abnimmt, so verschwindet damit nicht die Suche nach Sinn. Sie verlagert sich vielmehr auf andere Lebensbereiche und Organisationen. Fakt bleibt jedoch, dass der originäre Zweck eines Unternehmens die Produktion sowie Vertrieb von Gütern und/oder Dienstleistungen ist. Letztlich geht es darum, bestehende Kundenbedürfnisse in optimaler Weise zu befriedigen.

Profit, und das ist wichtig, ist dann das Ergebnis dieser Tätigkeit, nicht der Zweck: „Companies make shoes, not money.“ Daher kann das Bedürfnis nach Sinn nur durch ein verändertes Bewusstsein der verschiedenen Stakeholder erklärt werden. Noch einmal Larry Fink: „Die besten Unternehmen schauen nicht nur auf ihre Aktionäre. Sie verbinden die Belange der Mitarbeiter mit denen der Kunden und sie kümmern sich um die Gemeinden, in denen sie tätig sind.“ Nur wenn diese Verbindung dauerhaft gelingt und aus Sicht aller relevant ist, dürfen sich auch die Aktionäre über steigende Renditen freuen. Paul Achleitner erinnert daran, dass privates Unternehmertum ein sozialer Vertrag ist, bei dem die Gesellschaft dem Unternehmer bestimmte Freiheiten einräumt, weil sie davon ein gutes Ergebnis erwartet. Demnach sollte es privates Unternehmertum ohne Wertbeitrag für die Gesellschaft nicht geben. Christian Kullmann weist sehr klar darauf hin, dass jeglicher gesellschaftlicher Beitrag eines Unternehmens voraussetzt, dass Gewinne erwirtschaftet werden. „Diesen Zusammenhang mit sinnstiftender Erläuterung zu unterlegen, war immer schon wichtig und wird noch wichtiger", so Kullmann.

Als Michael Sen sein Amt als Vorstandsvorsitzender der Fresenius SE antrat, sagte er seinen Mitarbeitern zur Begrüßung: „Unsere Arbeit ist relevant, denn sie schützt das Leben. Deshalb fällt es uns leicht, unseren Purpose, unseren Unternehmenszweck, auf den Punkt zu bringen. Das Wohl der Patientinnen und Patienten ist für uns das alles Entscheidende, seit über 100 Jahren."

Michael Diederich, Vorstandschef der HVB/Unicredit, erinnert sich an die Zeit der Finanzkrise 2008/09, in der „Banker keinerlei Purpose mehr empfunden haben, sie waren geächtet". Mit der Corona-Pandemie drehte sich diese Empfindung, die Banken wurden zum elementaren Bestandteil der Rettung ganzer Branchen. Plötzlich schien der Sinn wieder klar. „Ich habe noch nie so einen Zusammenhalt erlebt", so Diederich.

Gerade die Ansprüche der Mitarbeiter haben sich vor dem Hintergrund der Pandemie noch einmal radikal verändert. Laut einer XING-Studie von 2022 gaben 37% der Arbeitnehmerinnen und Arbeitnehmer an, innerhalb des nächsten Jahres den Job wechseln zu wollen. Diese Wechselbereitschaft liegt nach einer Forsa-Studie, ebenfalls aus 2022, unter den 30- bis 39-Jährigen, bei 49%. Nun sagt die Wechselbereitschaft wenig über die tatsächlichen Kündigungsgründe aus. Schaut man sich Studien über die tatsächlichen Motive, warum Menschen das Unternehmen verlassen, an, so sind die Themen Führung und Life-Balance mit 30% und spannendere Tätigkeiten mit 25% vertreten (Forsa). Spannende Tätigkeiten meint zum einen die Abwesenheit von Langeweile, positiv formuliert also Aufgaben, die fordern. „Kann ich den hohen Ansprüchen standhalten?“, so beschreibt Christian Kullmann, der heutige Vorstandsvorsitzende von Evonik, die – höchst anspruchsvolle und gleichzeitig inspirierende – Arbeit mit seinem Mentor Werner Müller.

Zum anderen geht es um sinnvolle Tätigkeiten, bei denen der Zweck erkennbar ist und sich mit den eigenen Vorstellungen deckt. Erstaunlich dabei ist, dass die Qualifikation eine untergeordnete Rolle spielt. Wir beklagen mittlerweile keinen Fachkräftemangel, sondern einen Arbeitskräftemangel. Laut Institut der deutschen Wirtschaft gehen sieben Millionen Beschäftigte bis 2032 in Rente. Anders formuliert, den Unternehmen fehlen 2032 bis zu fünf Millionen Arbeitskräfte.

Es begann in den Vereinigten Staaten mit der als „The Great Resignation“ bekannt gewordenen Kündigungswelle in historischem Ausmaß. Das US Bureau of Labor Statistics vermeldete, dass zwischen Januar 2021 und Februar 2022 57 Millionen US-Amerikaner ihre Jobs hingeschmissen haben – so viele wie kaum jemals zuvor. Und diese Entwicklung ist nicht auf die Vereinigten Staaten beschränkt. Selbst in China wird eine 996-Kultur (Arbeit von neun bis neun an sechs Tagen/Woche) nicht mehr so einfach hingenommen. „Tangping“, wörtlich übersetzt „Flachliegen“, ist die Bezeichnung für eine zunehmende Verweigerung gegenüber den staatlich geförderten Ansprüchen der chinesischen Leistungsgesellschaft. Auch wenn in China zusätzliche Aspekte eine wichtige Rolle spielen, ist der Begriff mindestens eine Anklage gegen die Art zu arbeiten, wie es praktiziert wird. Wenn dann noch externe Schocks hinzukommen, ist die Frage nach dem Warum nur zu verständlich.

Wenn Menschen sagen, das hat doch hier alles keinen Sinn, dann ist keine Energie für gar nichts mehr da. Ohne einen übergeordneten Sinn kein Mitdenken und kein Mitmachen. Das dauerhafte Fehlen eines Sinnerlebens ist eines der wichtigsten Kriterien zur Diagnose einer Depression. Das Pendant in der beruflichen Welt kennen Sie vielleicht als innere Kündigung der Low Performer: Ich sitze hier meine Zeit ab, mehr nicht. Leben beginnt, wenn der Hammer fällt. Fehlendes Sinnerleben bei High Performern führt, wie wir später noch zeigen werden, eher zu „Quiet Quittting" oder der Suche auf diversen Jobportalen nach Unternehmen, die mehr Sinnerleben anbieten.

Sinn finden wir nicht nur in der Arbeit selbst. Wir sind soziale Wesen und der Austausch mit anderen ist wesentlicher Teil unseres Sinnerlebens. Wir sind auf eine Kommunikation angewiesen, bei der wir uns gemeint, gesehen und angesprochen fühlen. Wir brauchen um uns herum eine Atmosphäre, in der wir Resonanz spüren. Resonanz meint Antwort – nicht Echo. Hartmut Rosa beschreibt das im Detail. Das, was wir allerdings spätestens seit der Pandemie erleben, ist Entfremdung oder eine Art von Beziehungslosigkeit. Zurückgeworfen in ihre eigenen vier Wände, ohne die Kolleginnen und Kollegen, mit denen man sich spontan austauschen kann, ohne den inspirierenden Zufall, ohne kreative Kollaboration und Co-Creation hinterfragen viele Mitarbeiter den Sinn ihrer Arbeit. Wenn im Homeoffice der kulturelle Spirit eines Unternehmens als Identifikations- oder Unterscheidungsmerkmal immer mehr verschwimmt, bekommt das, was ich mit meiner

Arbeit bewirke, einen noch höheren Stellenwert. Die Frage ist für diese Zielgruppe weniger, ob sie Arbeit hat, sondern ob sie die richtige Arbeit hat. Nicht jeder will unbedingt weniger arbeiten, aber viele wollen anders arbeiten.

Diese Entwicklung betrifft nicht nur anspruchsvolle Tätigkeiten. Als Musterbeispiel sinnentleerter Arbeit gelten die sogenannten Clickworker, die auf digitalen Plattformen ihren taylorisierten Tätigkeiten nachgehen. Repetitive Miniaufgaben werden ohne Verständnis des Gesamtzusammenhangs und ohne Austausch mit anderen verrichtet. Wahrscheinlich liegt hier die Hoffnung weniger in einer möglichen Sinnstiftung, sondern eher in der Automatisierung dieser Tätigkeiten. Wobei dieser Rationalisierungseffekt wiederum neue Sinnfragen entstehen lässt, wie das Frankfurter Zukunftsinstitut passend ausführt: „Wenn Maschinen künftig bestimmte Arbeiten besser verrichten können als der Mensch, beginnen wir, über den Sinn der Arbeit nachzudenken. Wenn die Arbeit uns nicht mehr braucht, wofür brauchen wir dann die Arbeit? New Work beschreibt einen epochalen Umbruch, der mit der Sinnfrage beginnt und die Arbeitswelt von Grund auf umformt."

Unterschiedlichen Generationen werden üblicherweise verschiedene Bedürfnisse zugeschrieben. Die Generationen Y und Z wollen zu den Guten gehören. So das Klischee. Aber vermutlich ist das die neue Normalität, dieses Bedürfnis ist wahrhaftig. Es geht der jungen Generation nicht um ein Greenwashing in schönen Broschüren, sondern darum, in der und durch die Arbeit einen glaubwürdigen Beitrag zu leisten, unsere Erde enkeltauglich zu machen. Diese Haltung, die verstärkt in die Unternehmen getragen wird, führt im Zusammenspiel mit älteren (Führungskräfte-) Generationen nicht immer zu konfliktfreier Zusammenarbeit. Arbeiten, um zu arbeiten oder Ziele nach dem Motto: „Schneller, höher, weiter", wie sie viele Generationen stillschweigend internalisiert haben, reichen jüngeren Generationen meist nicht mehr aus, um Energie freizusetzen. Die Leitwährung ist nicht mehr Geld und Karriere, sondern Zeit und Sinn.

Das alles hat einschneidende Konsequenzen für das Thema Führung. Inspiration besteht nicht nur darin, Zahlen zu produzieren. Unternehmen und damit auch Führungskräfte sehen sich vermehrt der Notwendigkeit gegenüber, ihre Vorstellungen, Visionen und Strategien zu legitimieren. Simple Anweisungen führen in die Sinnlosigkeit. Die Konsequenzen einer auf command & control reduzierten Führung kennt jeder: Es wird bestenfalls das gemacht, was gefordert wird, selten mehr. Wann sind Menschen bereit, ihr Bestes zu geben? Wann gehen sie leidenschaftlich die berühmte Extrameile?

Sehr wahrscheinlich, wenn es ihnen gelingt, den gestellten Aufgaben einen Sinn zuzuschreiben. Sinn ist, wie beschrieben, nichts Objektives. Der Einzelne gibt den Dingen einen Sinn – oder eben auch nicht. Erlebe ich eine Aufgabe für mich als sinnvoll, dann bin ich engagierter, produktiver und bereit, über die gestellten Aufgaben hinaus zu denken und zu handeln. „Wer ein Warum zu leben hat, erträgt fast jedes Wie." Dieses an Nietzsche angelehnte Zitat war für Viktor Frankl, den berühmten Wiener Resilienzforscher und Holocaust-Überlebenden, ein wichtiger Leitsatz. Sinnstiftung ist nicht nur eine Forderung an Unternehmen, sondern auch ein wesentlicher Beitrag zur gelungenen Lebensgestaltung.

Vermutlich kennen Sie die TED Talks, die von dem amerikanisch-kanadischen Non-Profit-Unternehmen TED Conferences konzipiert werden. Der Purpose von TED ist simpel und leicht verständlich: „Ideas worth spreading." Mittlerweile existieren knapp 4.000 Präsentationen, die alle nicht länger als 18 Minuten sind und auf der Website Ted.com kostenlos zugänglich sind. Im September 2009 wurde vom damals 36-jährigen Simon Sinek auf dieser Plattform eine der interessantesten Reden zum Thema Purpose gehalten (*https://www.ted.com/talks/simon_sinek_how_great_leaders_inspire_action*). Mit über 60 Millionen Views übrigens auch eine der am meisten aufgerufenen Reden auf TED.

Sinek, der an der Columbia University strategische Kommunikation lehrte, stellte in dieser Präsentation vor, wie großartige Führungspersönlichkeiten zur Handlung inspirieren. Der Unterschied liegt in der Art ihrer Kommunikation. Viele sprechen darüber, was sie machen. Manche sprechen zusätzlich darüber, wie sie etwas tun. Aber die wenigsten und aus seiner Sicht erfolgreichsten Führungspersönlichkeiten und Unternehmen sprechen darüber, warum sie tun, was sie tun. Das macht den Unterschied aus. Der von ihm so benannte Goldene Kreis symbolisiert die drei sehr unterschiedlichen Ebenen (why, how, what).

Interessant ist also nicht nur die Notwendigkeit eines Warum, mit dem alles beginnt. Auch die Reihenfolge der Kommunikation ist nur ein Aspekt. Entscheidend ist das Zusammenspiel. Ohne eine Integration aller Ebenen gelingt keine Umsetzung. Was nützt der Führung ein Warum, wenn sowohl das Wie als auch das Was für die Menschen im Unklaren bleibt und damit letztlich die Umsetzung scheitert? Purpose ist mehr als ein intellektuelles Erkenntnisproblem. Ohne entsprechende Handlungen bleiben Purpose-Statements rein verbale Schaumschlägerei für hippe Zielgruppen. Vielleicht schön für das Image nach außen, aber letztlich verspieltes Vertrauenskapital.

Wie wichtig es Mitarbeitern ist, der Arbeit einen Sinn zu geben, zeigt sehr konkret eine Studie der Beratung BetterUp aus dem Jahr 2018. In dieser Untersuchung wurden über 2.000 Amerikaner gebeten, ihren Job zu reflektieren: Was hast du für Aufgaben, wie viel Sinn erlebst du bei der Arbeit und was verdienst du? Anschließend wurde den Befragten ein fiktives Angebot gemacht. Versprochen wurde ein Job mit deutlich mehr Sinnerleben als im bisherigen Job. Der Preis dafür war die Bereitschaft einer Gehaltskürzung. Sinn gab es also nicht umsonst. Konkret: Auf wie viel Prozent des aktuellen Einkommens wären die Befragten bereit zu verzichten, zugunsten eines Jobs mit mehr Sinnerleben? Bevor wir Ihnen die Ergebnisse verraten, fragen Sie sich: Wie sähe das bei Ihnen aus?

Als erstes Ergebnis kam heraus, dass 90% der Befragten das Angebot grundsätzlich annehmen würden. Noch erstaunlicher ist das nächste Ergebnis: Im Mittel würden die Befragten auf ca. 23% ihres Einkommens verzichten, wenn sie dafür mehr Sinn bei der Arbeit erleben würden. Ja, die Untersuchung war fiktiv angelegt. Aber lassen Sie uns nicht um einzelne Prozentsätze feilschen. Etwas Sinnvolles tun zu können ist ein Grundbedürfnis und nicht etwas Nettes als Beilage. Bitte verwechseln Sie Sinnerleben nicht mit Spaß und Freude. So wichtig diese Faktoren auch sein mögen, Sinn wird häufig Tätigkeiten zugeschrieben, die nicht unbedingt leicht und locker daherkommen. Anspruchsvolle Aufgaben, die uns Engagement bis zur Schmerzgrenze abverlangen, können sehr erfüllend sein. Denken Sie zum Beispiel an all die Ärztinnen und Ärzte, die für Médecins sans frontières medizinische Nothilfe in Krisen- und Kriegsgebieten leisten.

„Es ist entscheidend, ob das, was wir tun, für andere sinnvoll ist."

Welche Arbeit empfinden wir als erfüllend und welche Rolle spielen Sie dabei als Führungskraft? Das Beispiel der Ärzte ohne Grenzen zeigt, dass nicht nur wir selbst den Dingen einen Sinn zuschreiben, sondern es entscheidend darauf ankommt, ob das, was wir tun, für andere sinnvoll ist. Viktor Frankl bezeichnet das als Selbsttranszendenz. Erst die Hingabe an etwas, das die Grenzen unseres Selbst übersteigt, bezeichnet Frankl als sinnvolles Leben. Wir haben es also mit zwei Sinnquellen zu tun. Wir selbst oder andere können unseren Tätigkeiten einen Sinn zuschreiben. Für beide Aspekte können Sie als Führungskraft etwas tun. Das beginnt bereits damit, wie viel Zeit Sie sich nehmen, um immer wieder Zusammenhänge und übergeordnete Rahmenbedingungen aufzuzeigen. Nur so können Ihre Mitarbeiter eigenverantwortlich entscheiden, die richtigen Prioritäten setzen.

Auf einen wichtigen, komplizierenden Faktor weist Carina Kozole hin: die hochgradige Arbeitsteilung in unserer Welt. Sie hält es daher für eine ganz wesentliche Führungsaufgabe, die gesamte Wertschöpfungskette in den Blick zu nehmen und den jeweiligen Beitrag des Einzelnen deutlich zu machen. „Häufig wird nur die letzte Person in der Kette gesehen, die, die den Schlüssel übergibt. Und es wird vergessen, dass diese Person das ohne die Leistung ganz vieler anderer gar nicht könnte."

Marion Horn unterstreicht diese Sichtweise. Wer das Gefühl hat, „ich schaffe einen Mehrwert, weil ich tue, was ich tue", wird seine Arbeit als sinnvoll empfinden. Dieser Zuspruch von Sinn ist individuell, nicht abstrakt.

Verdeutlichen Sie Ihren Mitarbeitern also immer wieder, dass ihre Arbeit konkrete Wirkung entfaltet. Oft sehen Menschen die Früchte ihrer Arbeit nicht und haben daher keinen oder wenig Bezug zu ihrer Tätigkeit. Lassen Sie Ihren Mitarbeitern, wenn möglich, den Vortritt, wenn es darum geht, ihre Leistung vorzustellen. Zeigen Sie auf, welchen Nutzen die Arbeit für andere hat. Schaffen Sie einfache, aber direkte Wege für Feedback – wenn möglich mit Kunden. Als häufige Bahnreisende haben wir per Zufall erfahren, dass die in der Deutschen Bahn an der Rückseite der Sitze angebrachten QR-Codes für Feedbacks („Bitte beurteilen Sie Ihre heutige Fahrt“) nicht, wie vermutet, in einem zentralen Feedbacktool der Bahn für immer verschwinden, sondern nach einem kurzen zentralen Check direkt an das Zugpersonal weitergeleitet werden. Daher haben wir gern der Schaffnerin, die kürzlich trotz aller Hektik außergewöhnlich herzlich mit den Gästen umging, auf diesem Weg ein Dankeschön übermittelt. Ihr Handeln hat aus unserer Sicht einen Unterschied gemacht. Toll wäre es, wenn unser Feedback sie inspiriert und ihr gezeigt hat, dass ihr Beitrag zählt und gesehen wird.

Erstaunlicherweise gibt es nach unserer Erfahrung einen noch viel einfacheren Weg, um Sinnerleben im Unternehmen zu fördern. Wir empfehlen Ihnen, sich in der Kunst des Weglassens zu üben. Es wäre in Unternehmen schon viel gewonnen, wenn Führungskräfte Ideen und Engagement ihrer Mitarbeiter nicht mit ironischen oder sogar zynischen Bemerkungen untergraben würden. Ein verächtlicher Blick, eine spitze Bemerkung, nach dem Motto: „Früher habe ich auch gedacht, ich könnte etwas bewirken…“, reicht schon, um das eigene Engagement als sinnlos zu erleben. Damit aufzuhören könnte für viele Menschen sehr befreiend wirken. Gleiches gilt für die zahlreichen gut gemeinten Belohnungssysteme, die eher korrumpieren und die letzten noch vorhandenen Reste intrinsischer Motivation zerstören.

Wir können nicht oft genug betonen, dass ohne eine klare, überzeugende Vermittlung von Bedeutsamkeit der geleisteten Arbeit kaum Inspiration möglich sein wird. Alles weitere entsteht aus dem Sinn, dem Warum. Wenn klar ist, wofür ein Unternehmen oder ein Bereich steht, dann lässt sich daraus eine Vision ableiten: Wo wollen wir hin? Und daraus ergibt sich ein: Wie wollen wir das erreichen? Also die Klärung von Strategie und Kultur.

Folgende Anregungen können helfen, sich dem Thema Sinn zu nähern:

Sinnstifter werden, statt Zynismus zu pflegen

Wenn man der These folgt, dass Menschen nach einem Warum verlangen und einen sinnvollen Beitrag leisten wollen, dann muss Führung dafür sorgen, dass berufliches Handeln als wertvoll erlebt werden kann. Allerdings: Kann man Sinn einfach vorgeben? Sicher nicht als Bevormundung, aber mindestens als überzeugendes Angebot, das natürlich, wie jedes Angebot, abgelehnt werden kann. Oder noch bescheidener: Was kann ich den Mitarbeitern anbieten, um ihnen eine individuelle Antwort auf die Sinn Frage zu erleichtern? Was Sie auf jeden Fall vermitteln sollten, ist das große Bild. Keiner will sich als kleines Rädchen im Getriebe erleben. Ein Controller, der weiß, dass ein Großteil seiner Reports nicht gelesen wird, kann seine Arbeit nicht als sinnvoll erleben. Stellen Sie daher die Arbeit in einen Kontext, der die Wirkung auf individueller Ebene verdeutlicht.

Möglicherweise entstehen Aha-Erlebnisse, wenn Sie mit Ihrem Team eine gewisse Zeit auf folgender Frage herumkauen: Was wäre anders, wenn es uns nicht gäbe? Stellen Sie sich vor, Ihr Team würde die komplette Arbeit einstellen, was würde in der Organisation oder am Markt fehlen? Wir wünschen Ihnen ein inspirierendes Ergebnis; jedenfalls keine Ernüchterung, wie es die Führungskraft einer Stabsabteilung vor Jahren offen bilanzierte: „Och, ich glaube, keiner würde uns wirklich vermissen."

Über das Warum sprechen und das Wie den anderen überlassen

Menschen über das Wie zu managen, ist einfach. Nicht nur Ziele, sondern auch die Wege und exakt einzuhaltende Rahmenbedingungen werden genau fixiert. Die Kontrolle, ob sich auch alle an die Vorgaben halten, gehört natürlich ebenso dazu: Mikromanager bei der Arbeit. Selbstdenken unerwünscht. Mitarbeiter stattdessen über das Warum oder ein Wofür zu führen setzt Energie frei, ist aber nur um den Preis des Vertrauens zu haben. Vertrauen in die Kreativität der Mitarbeiter, die das Wie autonom finden und gestalten. Es gibt Unternehmen, die richten in ihrem Intranet eine Rubrik ein, in der aktuelle Entscheidungen oder Arbeitsanweisungen explizit begründet werden. Nennen Sie es eine Warum-Rubrik: Warum tun wir, was wir tun? Alle Mitarbeiter werden aufgefordert, klar zu artikulieren, wenn sie bestimmte Strategien oder Anweisungen als nicht sinnvoll erachten. Unterschätzen Sie nicht das Bedürfnis Ihrer Mitarbeiter, klar zu wissen, dass ihre Arbeit Wirkung entfaltet, zu etwas gut ist.

Wie häufig verwenden Sie die Formulierung „um zu…"? (Zum Beispiel: Wir machen das Projekt, um zu…, ich entscheide das so, um zu…, ich trenne mich von… um zu…) Oder würden Ihre Mitarbeiter und Mitarbeiterinnen sagen, dass die Zusammenarbeit mit Ihnen häufig darin besteht, es Ihnen recht zu machen und alle am besten damit fahren, sich keine eigenen Gedanken zu machen?

Unseren Beitrag für die Gesellschaft verdeutlichen, statt nur auf uns selbst zu schauen

Selbst wenn Milton Friedman mit seiner häufig verkürzt dargestellten Wirtschaftsdoktrin „the business of business is business" Recht hat, dann ist unternehmerisches Handeln heute nur mit und nicht gegen die Kunden als Stakeholder möglich. Von Unternehmen wird aus guten Gründen eine aktive Haltung gefordert. Alles was wir tun, hat Auswirkungen auf die Gesellschaft, in der wir leben und arbeiten. Damit ist nicht nur gemeint, dass wir unseren Kunden liefern, was sie von uns erwarten. Wir leisten einen Beitrag zur Lebensqualität auch dadurch, dass wir viele Dinge wirtschaftlich ermöglichen oder unterstützen. Auch das verleiht unserer Arbeit einen Sinn und wir sollten uns von Zeit zu Zeit gegenseitig daran erinnern.

Womit leisten wir in unserer Branche einen substanziellen Beitrag? Was gäbe es ohne unser Unternehmen gar nicht? Welchen Beitrag leistet unser Unternehmen für die Gesellschaft? Die Vereinten Nationen haben 2015 einen Vertrag über nachhaltige Entwicklung, die Agenda 2030, beschlossen. Dieser beinhaltet 17 Ziele (https://17ziele.de/info/was-sind-die-17-ziele.html). Können Sie eine Verbindung zu mindestens einem dieser Ziele herstellen? Wenn das gelingt, arbeiten Sie und Ihre Mitarbeiter nicht nur für ein Unternehmen, sondern alle sind zugleich ein wichtiger Teil unserer Gesellschaft.

4

Neugier

Sie fördern
eine produktive
Unzufriedenheit

It is simply this: do not tire, never lose interest,
never grow indifferent –lose your invaluable curiosity
and you let yourself die.
It's as simple as that.
Tove Jansson.

Versetzen Sie sich einmal geistig an Ihren Lieblingsurlaubsort. Dazu gehört unter Umständen auch ein passendes Hotel nach Ihren Vorstellungen. In diesem Hotel fühlen Sie sich wohl, sehr wohl sogar. Das Hotel zeichnet sich durch eine exzellente Küche aus und deshalb lassen Sie es sich nicht nehmen, abends im Hotelrestaurant zu speisen. Natürlich haben Sie sich einen gut platzierten Tisch ausgesucht. Ein wenig abseits vom Trubel, in einer kuscheligen Nische und mit einer grandiosen Aussicht. Die letzten beiden Abende haben Sie dort einen wunderbaren Abend mit Ihrem Partner oder Ihrer Partnerin verbracht. Voller Vorfreude kommen Sie nun in das Restaurant und steuern „Ihren" Tisch an. Plötzlich verharren Sie in der Bewegung, denn an „Ihrem" Tisch sitzen leider andere Personen. Sie ahnen, dieser Abend wird anders verlaufen als gehofft. Ihnen ist schon klar, dass es nicht Ihr Tisch ist, Sie haben ihn nicht erworben. Aber Sie merken an diesem Beispiel sehr schnell, dass wir in unserem Leben von Gewohnheiten und Routinen umstellt sind.

Der Sozialpsychologe Bas Verplanken überraschte seine Studenten an der University of Bath häufig mit einem kleinen Experiment. Während der ersten Vorlesung im neuen Semester machte er ein Foto der Studenten im Hörsaal. In der zweiten Vorlesung machte er wieder ein Foto und projizierte die beiden Bilder für alle sichtbar an die Wand. Das Ergebnis: allgemeine Heiterkeit. Die allermeisten Studenten hatten sich exakt auf die gleichen Plätze gesetzt wie eine Woche zuvor.

Wir dürfen davon ausgehen, dass es eine menschliche Konstante, sogar eine Leidenschaft ist, vielfältige Gewohnheiten auszubilden und nicht mehr von ihnen abzuweichen. Das geschieht nicht nur in den ersten Lebensjahren, sondern begleitet uns für den Rest unseres Lebens. Wir alle brauchen ein gewisses Maß an Stabilität und Routine. Feste Gewohnheiten machen es leichter, uns im Alltag zu orientieren, weil sie den Aufwand, der dafür fällig ist, mindern. Und bestimmt lieben wir alle auch etwas Komfort. Den Komfort, den uns eine Umgebung bietet, die uns vertraut ist, in der wir nicht dauernd auf der Hut sein müssen.

Die meisten Tage beginnen wir, indem wir den Autopiloten aktivieren. Wir brauchen nicht permanent darüber nachzudenken, ob wir morgens erst duschen oder uns zuerst die Zähne putzen. Unsere Gewohnheiten werden uns erst deutlich, wenn sie durchbrochen werden. Jeden Tag fahren wir die gleiche Strecke von der Arbeit nach Hause. Zuweilen sind wir erschrocken, wenn wir plötzlich vor der Haustür stehen, weil wir gar nicht bemerkt haben, dass wir mit unseren Gedanken die letzten 20 Minuten ganz woanders waren. Bis wir eines Tages auf dieses dämliche Umleitungsschild stoßen und uns gänzlich neu orientieren müssen. Wir leben in habitualisierten Erfahrungsgefängnissen, die wir uns erfolgreich selbst gebaut haben.

Routinen sind also vielfach nützlich. Unser Gehirn liebt es, in einem energiearmen Zustand zu sein. Denken kostet Energie und bedeutet in vielen Situationen unnötigen Aufwand. Daher bilden wir sehr schnell spezifische Denk- und Handlungsroutinen aus, die, wenn sie erfolgreich verlaufen, dazu führen, dass unser Belohnungssystem im Gehirn anspringt. Auf diese Weise verfestigen sich die Muster. Bas Verplanken geht in seinen Forschungen davon aus, dass etwa 30–50% unserer Handlungen und Entscheidungen über den Tag als reine Routine erfolgen. Es läuft ein Navigationssystem, welches wir nicht bewusst eingeschaltet haben. Seltener als wir vermuten, sind unsere Handlungen das Ergebnis anspruchsvoller, intellektueller Abwägungsprozesse. Wenn Sie jetzt innerlich empört aufschreien, nach dem Motto: Das mag für die meisten Menschen zutreffen, aber ich werde mehr vom Verstand geführt als der Rest der Bevölkerung, empfehlen wir Ihnen einen tieferen Blick in die Veröffentlichungen des Verhaltensökonomen und Nobelpreisträgers Daniel Kahnemann.

Kahnemann zeigt uns in seinen jahrzehntelangen Forschungen die dunkle Seite unserer Routinen auf. Mit unseren Heuristiken, die uns schnelle Einschätzungen und Reaktionen in vielen schwierigen Lebenssituationen ermöglichen, liegen wir häufig falsch. Wir sind weniger aufgeklärt, als wir glauben. Ironischerweise treffen diese kognitiven Verzerrungen auch auf Kahnemann selbst zu, der zugeben musste, dass einige der Studien, auf denen seine Arbeiten beruhen, auf wackeligen Füßen stehen. Quod erat demonstrandum.

Das Problem ist: Unser Gehirn unterscheidet nicht zwischen nützlichen und weniger nützlichen Gewohnheiten. Haben wir unsere Routinen gelernt – Biologen verorten diesen Mechanismus in den Basalganglien – dann sind sie fester Teil unserer Persönlichkeit. Je älter wir werden, desto mehr Gewohnheiten haben wir ausgebildet und desto mehr bestimmen sie unser Handeln. Und das kann Fluch und Segen zugleich sein.

Übertragen wir diese Überlegungen auf die Unternehmenswelt, greifen ähnliche Mechanismen. Jedes Unternehmen bildet im Laufe der Zeit eine Vielzahl an Routinen aus. Eine bestimmte Art, sich in Meetings zu verhalten, mit Fehlern umzugehen, Machtspiele zu spielen, Entscheidungen zu treffen, dem Vorstand zu begegnen oder mit dem Thema Compliance umzugehen. Die Mitarbeiter handeln dabei nicht nach schriftlich fixierten Anweisungen und trotzdem erstaunlicherweise konform. Sie leben Antworten auf Fragen, die sie sich nie gestellt haben.

Die Summe dieser Gewohnheiten bezeichnen wir, in der Tradition eines unserer Lehrer, als Unternehmenskultur. Sie unterscheidet Organisationen eindeutig voneinander. Meist werden uns diese Gewohnheiten nur in speziellen Momenten bewusst; wenn beispielsweise jemand neu in das Unternehmen kommt und bestehende Routinen infrage stellt: „Sagt mal, warum macht ihr das eigentlich so?" Dann schauen sich die Kollegen und Kolleginnen erst einmal leicht irritiert an. Es kommt ihnen kein offensichtlicher Grund in den Sinn. Schließlich fällt der legendäre Satz: „Das machen wir schon immer so." Auf diese Weise erkennen wir schlagartig unsere lieben Gewohnheiten.

Insofern bildet jedes Unternehmen eine Kultur aus und ist kein „kulturloser Haufen", wie das einmal ein Geschäftsführer etwas despektierlich auf den Punkt brachte. In seinem Fall gab es wohl eine ganz bestimmte Erwartung, wie die Kultur und damit die Gewohnheiten sein sollten. Das führt uns zu der zentralen Frage, wann Gewohnheiten in Unternehmen überhaupt geeignet sind. Schließlich sind sie überwiegend Antworten, die das Unternehmen in der Vergangenheit auf Fragen des Marktes gegeben hat. Ob sie den aktuellen oder gar den zukünftigen Anforderungen noch gerecht werden, ist eine ganz andere Frage.

> *„Einfach mal nur in Ruhe seine Arbeit machen, wird der Lebensrealität nicht gerecht."*

Wir können uns schnell darauf verständigen, dass die Kultur die Zukunftsfähigkeit des Unternehmens fördern sollte. Beim Blick nach vorn bekommen wir es allerdings mit einem handfesten Problem zu tun: Wir kennen die Zukunft nicht. Wir wissen nicht, was auf uns zukommt. Wir ahnen bestenfalls, dass Geschwindigkeit und Ausmaß der Veränderungen mindestens hoch bleiben werden. Der weitverbreitete reaktionäre Stoßseufzer: Einfach mal nur in Ruhe seine Arbeit machen können, mag menschlich verständlich sein, wird aber der Lebensrealität nicht gerecht. Wie bereiten wir uns also geeignet auf eine Zukunft vor, die wir nicht kennen? Durch eine Unternehmenskultur, die sich durch eine lebendige und immer wieder revitalisierte Anpassungsfähigkeit auszeichnet.

Oscar Wilde beschreibt den Preis der Routine wie immer pointiert: „Beständigkeit ist das Kennzeichen der Einfallslosen." Wenn alles gleich bleibt, wir und unsere Gewohnheiten, dann erstickt alles Lebendige. Aber ohne Lebendigkeit keine Überlebensfähigkeit. Für Unternehmen ist die intelligente Anpassung an sich wechselnde Bedingungen des Marktes notwendige Voraussetzung für den langfristigen Erfolg. Dafür braucht es inspirierende Führungskräfte im Sinne eines „Chief Enabling Officer", die Anpassungsmöglichkeiten aufzeigen und ermutigen, neue Wege zu beschreiten. Was uns die Zukunft zu bieten hat, entzieht sich unserer Kontrolle – wie wir mit unseren Ressourcen darauf geeignet antworten, das liegt in unserer Hand.

Nehmen wir den Auftrag der Anpassung ernst, dann ist es unvermeidlich, von Zeit zu Zeit das Gewohnte zu verlassen. Das, was wir gut und womöglich gern machen, hinter uns zu lassen, kurz: uns zeitweise von unserer Komfortzone verabschieden. Vielleicht ist es gar nicht angemessen, immer so abfällig von der Komfortzone zu sprechen. Jedenfalls, wenn damit nicht die unselige Tendenz gemeint ist, sich im Status quo final einzurichten und ihn um jeden Preis zu konservieren. Denn das ist das Ende jeder Entwicklung.

Die Komfortzone hat immerhin auch ihre guten Seiten. Sie kann für die eigene Energiebalance wichtig sein. Wer permanent Brände bekämpfen muss, ist irgendwann ausgebrannt. Daher hilft uns die Komfortzone zu regenerieren, da wir auf gewohnte und verinnerlichte Routinen zurückgreifen können. Befinden wir uns in der Komfortzone, fällt uns das Handeln leicht, da wir genau wissen, was zu tun ist. In Funktionen des Unternehmens, wo es auf Präzision und stabile Prozesseinhaltung ankommt, beispielsweise der Buchhaltung, mag die Komfortzone hilfreich sein. Experten, die genau wissen, was und wie sie es zu tun haben, besitzen einen unschätzbaren Vorzug.

Für die Zukunftsfähigkeit des Unternehmens ist es dennoch von essenzieller Bedeutung, ausreichend Mitarbeiter für einen weiteren Bereich, die Lernzone, zu begeistern. Hier probieren wir aus, hier experimentieren wir, hier sprießen unsere Neuronen. Persönliches Wachstum findet ebenfalls nur außerhalb der Komfortzone statt. In der Lernzone spüren wir uns. Hier entsteht Neues.

Zugegeben, nicht immer so leicht, wie wir uns das wünschen. Zuweilen sogar schmerzhaft und verbunden mit Rückschlägen. Deshalb erleben nicht wenige diesen Bereich als Herausforderung. Je stärker dieses Empfinden, desto eher bewegen wir uns in die Panikzone. Hier ist uns alles zu viel. Hier sehen wir kein Licht am Ende des Tunnels. Wir fühlen uns überwältigt von all den Anforderungen. Es wird Sie wenig überraschen, dass Komfort-, Lern und Panikzone bei jedem von uns unterschiedlich ausgeprägt sind. Es gibt Menschen, die, wenn sie ihre Komfortzone verlassen, bereits in der Panikzone landen.

Bleibt die Frage, warum es so mühsam ist, die Komfortzone, die Routine, zu verlassen. Ein immer wieder genanntes Motiv deutet auf Verlustaversion hin. Das macht Erfolg so gefährlich. Ein Paradox, auf das Daniel Metzler aufmerksam macht: „Viele Konzerne hätten viel mehr Möglichkeiten. Sie haben doch ein Standbein, von dem aus man viel probieren könnte. Aber die Angst zu scheitern scheint zu groß zu sein." Er sieht es dagegen als riesige Motivation, nichts zu verlieren zu haben. „Wir kamen direkt aus der Uni und konnten nicht verstehen, warum in Europa niemand Raketen neu entwickelt – also haben wir Isar Aerospace gegründet." Risikobereitschaft bringt auch das Wissen mit sich, scheitern zu können. „Wenn man weiß, dass man scheitern darf, bringt das eine viel höhere Innovationsgeschwindigkeit. Wir probieren mehr aus und generieren auf dem Weg viel mehr Daten."

Verlustaversion verstellt häufig den Blick dafür, dass eine Veränderung oft zum Besseren führt. Wir kennen die möglichen Ausgänge nicht, gehen aber erst einmal vom Schlimmsten aus. Je erfolgreicher, desto ausgeprägter die Beschäftigung mit der Frage, was alles schief gehen kann. Carina Kozole betont vor diesem Hintergrund, wie wichtig es ist, chancengeleitet zu führen: „Viele sehen die Risiken der Veränderung, aber wenn Du rausgehst, passiert doch meistens etwas Besseres." Edna Schöne gibt zu bedenken, dass die zunächst entstehende Unbequemlichkeit nicht besonders inspirierend wirken mag, das Ergebnis dafür umso mehr. „Das ist mit das Schwierigste – zu pushen, ohne dabei das Team zu verlieren. Du brauchst Resilienz, Glauben, Energie, Durchsetzungskraft." Marion Horn betont einen kulturellen Aspekt: „Respekt muss sein, aber den Fokus vor allem auf Harmonie zu legen, das ist ein Erfolgskiller. Das Team ist dann nicht mehr hungrig, entwickelt sich nicht weiter."

Für die Führung kommt es darauf an, eine kluge Balance zwischen Komfort- und Lernzone, zwischen Stabilität und Agilität, zwischen Exploitation (Bewährtes nutzen) und Exploration (Innovationen treiben) im Alltag zu gewährleisten. Dafür gibt es keine Rezepte. Selbstverständlich brauchen Sie beide

Fähigkeiten im Unternehmen. Sie können das Ambidextrie, Beidhändigkeit, nennen. Im Grunde geht es darum, dass keine Seite zu kurz kommt. Letztlich ist es eine Pendelbewegung. Wobei unsere Erfahrung in etablierten Unternehmen mit einer klaren Präferenz verbunden ist: Im Zweifel müssen Sie immer mehr für die Lernzone, die Agilität, das Explorieren unternehmen. Und damit stoßen Sie nicht immer auf Wohlwollen. Allianz-Chef Oliver Bäte ist so ein Treiber, andere mögen sagen ein Getriebener. Bei aller Veränderung, die er bei der Allianz angestoßen hat, scheint ihm das immer noch zu wenig zu sein. „Wir arbeiten an vielen Stellen viel zu komplex", konstatiert er. Und bekommt dafür im Haus das Etikett „Der Ungeduldige" umgehängt. Warum eigentlich? Er orientiert sich an den Besten und sieht neue Wettbewerber am Markt aufziehen. Das ist die Aufgabe eines CEO. Da wir alle gern am Gewohnten festhalten, braucht es ein Antitoxin gegen allzu viel Bequemlichkeit und Selbstzufriedenheit im Unternehmen. Wir brauchen einen Tick mehr produktive Unzufriedenheit.

> *„Aus erkenntnistheoretischer Perspektive gibt es nichts Schlimmeres für ein Unternehmen als eine lange erfolgreiche Periode."*

Das klingt erst einmal seltsam: produktive Unzufriedenheit? Wie ein Widerspruch in sich. Produktive Unzufriedenheit heißt, sich nicht mit dem Status Quo zufrieden zu geben, sondern zu realisieren, dass alles, was von Menschen gestaltet wurde, grundsätzlich auch anders sein könnte. Produktive Unzufriedenheit zu fördern heißt, den Möglichkeitssinn in uns zu wecken: „Es gibt diverse Wege, das intelligenter, kreativer, lustiger, schneller, günstiger, kurz: besser hinzukriegen!" Inspirierende Führung schafft permanent Anlässe, mit einem frischen Blick auf das Handeln zu schauen.

Reinhard Sprenger bezeichnet das treffend als den Störungsauftrag des Managements. Führungskräfte sollen die Mitarbeiter in optimistischer Absicht und in einer geeigneten Frequenz bei der Arbeit stören. „Ein aktives Musterbrechen. Eine Alarmierfunktion, die Wachsamkeit, Vorbereitung auf Neues und eine Dauerskepsis am Weiter-so signalisiert." Aus erkenntnistheoretischer Perspektive gibt es nichts Schlimmeres für ein Unternehmen als eine lange erfolgreiche Periode. Man wird blind für die Zeichen des Marktes. Kein Geschäftsmodell ist für die Ewigkeit gemacht. Daher ist es notwendig, die eigenen Glaubenssätze immer wieder zu erschüttern und sich zu vergegenwärtigen, dass vieles auch ganz anders sein könnte.

Vor Jahren, zur Hochzeit des Dotcom-Booms, verlangte der damalige CEO von General Electric Jack Welch von jedem seiner Top-Führungskräfte, die große Bereiche von GE leiten, eine besondere Übung namens Destroy Your Business. com zu durchlaufen. Gemeinsam mit ihren Teams sollten sich die Führungskräfte Gedanken machen und konkrete Wege entwickeln, wie ein möglicher dot.com-Wettbewerber sie angreifen würde, um sie aus dem Geschäft zu drängen. Selbstverständlich gab es zum Abschluss dieses ernst gemeinten Experimentes die Frage, welche Schlüsse man daraus für die eigene Strategie zieht. Mittlerweile wird dieser Ansatz als Kill-your-Company-Methode von verschiedenen Beratern angeboten. Möglicherweise sind solche Gedankenexperimente als Impuls wertvoller als Galadiner mit zahlreichen Reden über die glorreiche Vergangenheit.

In seinem 1996 erschienenen Buch „Only the Paranoid Survive" warnt Andy Grove, Mitgründer von Intel und einer der Ikonen der IT Geschichte, vor der Selbstgefälligkeit, die sich bei Erfolg breit macht. Man ist stolz auf das Erreichte.

Doch ohne es zu merken, hat sich die Welt ein wenig weiter gedreht. Wettbewerber interessieren sich für den Erfolg, Kundenpräferenzen verändern sich plötzlich und in irgendeiner Garage hat jemand „the next big thing" entwickelt. Und von all dem bekommt man nichts mit, da die eigene Bubble immer noch den Erfolg feiert und blind wird für die Zeichen des Marktes.

Paul Achleitner hält daher „konstruktive Paranoia" für eine wichtige Führungseigenschaft. Edna Schöne spricht von „innerer Unruhe": Was passiert, wenn wir denken, dass wir das heutige Geschäft perfekt beherrschen und dabei etwas übersehen? Es entstehen Fortschritte auf allen Ebenen und damit auch neue Ideen. Der berühmte kalifornische Investor Marc Andreessen von Andreessen Horowitz hat das sinngemäß mal so beschrieben: „Es gibt gute Ideen, die wie gute Ideen aussehen. Etablierte Unternehmen sind in der Regel gut darin, diese zu erkennen und umzusetzen. Es gibt schlechte Ideen, die wie schlechte Ideen aussehen. Die braucht kein Mensch. Und dann gibt es die guten Ideen, die erstmal wie schlechte Ideen aussehen, Airbnb ist ein Beispiel. Die suchen wir, sie verändern Industrien und Märkte."

Nicht ohne Grund hat Jeff Bezos eines der Gebäude des Amazon-Headquarters in Seattle Day 1 genannt. Es ging ihm darum, den Startup-Spirit zu erhalten. In seinem Brief, den er 2017 an die Aktionäre verschickte, hat er sehr deutlich die Folgen beschrieben, wenn man kein Day 1 Unternehmen mehr ist: „Tag zwei bedeutet Stillstand, gefolgt von Irrelevanz, gefolgt von einem entsetzlichen, schmerzvollen Niedergang, gefolgt von Tod. Und deswegen muss immer Tag eins sein." Was hier brachial beschrieben wird, ist der Geist des Aufbruchs, den ein Startup auszeichnet. Natürlich gibt es bei Amazon auch definierte Prozesse und klare Routinen, aber die Frage ist nicht: Machen die Prozesse uns intern das Leben leichter, sondern machen unsere Prozesse das Leben für unsere Kunden leichter? Prozesse um der Prozesse willen oder weil man hofft, damit etwas unter absoluter Kontrolle zu haben, ist eher Ausweis eines Tag 2 Unternehmens.

Zalando hat diese Haltung in den Anfangsjahren als einen ihrer Kernwerte formuliert: Treat every day as your first day. Neugierig bleiben und sich in homöopathischen Dosen fragen, ist das alles so richtig, wie wir es machen? Anpassung an Veränderungen ist dann keine zeitlich begrenzte Aktivität, was man, wie den Muttertag, einmal im Jahr zelebriert, sondern eingeübte Alltagspraxis.

Es ist beispielsweise unglaublich bereichernd, mit neuen Mitarbeiterinnen und Mitarbeitern nach spätestens vier Wochen ein ausführliches Gespräch darüber zu führen, was ihnen in diesen ersten vier Wochen aufgefallen ist. Was hat sie überrascht? Welche Gewohnheiten haben sie irritiert? Was würden sie anders machen, wenn sie die Verantwortung hätten? Beziehen Sie unbedingt die erfahrenen Kolleginnen und Kollegen in diesen Dialog mit ein, um sie auf blinde Flecke aufmerksam zu machen.

Ein weiterer Impuls, Routine aufzubrechen, ist, die Teams nach Möglichkeit immer wieder neu zu mischen. Im Cockpit ist es üblich, dass die Besatzungen immer wieder neu zusammengestellt werden. Damit wird verhindert, dass sich auf Grund freundschaftlicher Beziehungen Fehler einschleichen und man sich zu sehr aufeinander verlässt. Gemeinsam an einer Aufgabe zu arbeiten, hat eindeutige Vorteile, beispielsweise das Pair Programming, das in der Softwareentwicklung aus guten Gründen häufig eingesetzt wird. Allerdings sollten Sie auch in solchen Tandems die Zusammensetzung von Zeit zu Zeit ändern.

Solche Weckrufe sind ungemein wichtig. Ein schnell wachsendes, hoch innovatives Unternehmen wie Isar Aerospace baut seine Organisation alle sechs Monate um. Ebenen werden hinzugefügt, andere wieder herausgenommen. Verantwortlichkeiten werden neu zugeschnitten. Nur so kann das Unternehmen seine Innovationsgeschwindigkeit halten und dem Ziel immer näherkommen, möglichst bald ins All zu fliegen. Man darf auf den Wettlauf mit Ariane gespannt sein, einer Firma mit dem Vielfachen an Budgets und Mitarbeitern, dem „etablierten Player" in Europa.

Aber auch ein riesiges Unternehmen wie Apple ist dafür bekannt, regelmäßig die Organisation umzubauen, vermutlich aus Sorge um zu viel Erfolgsroutine. Wobei es nicht immer gleich die große Umstrukturierung sein muss. Marion Horn berichtet zum Beispiel vom Ressorttausch bei der Bild am Sonntag. Eine bewusst geschaffene Irritation, die dafür sorgt, dass Mitarbeiter sich einmal nicht auf ihre etablierte Expertise verlassen können, dafür aber mit frischem Blick „von außen" auf die Nachbarabteilung vielleicht Dinge entdecken, die die Routine bislang verborgen hielt.

Schließlich empfehlen wir Ihnen, bei der Rekrutierung neuer Mitarbeiterinnen und Mitarbeiter auf Diversität zu achten. Übrigens heißt Diversität nicht, wie das ein Mitarbeiter einmal sarkastisch auf den Punkt brachte: „Wir stellen auch Frauen ein." Andere Lebensläufe, andere Kulturen, andere Erfahrungen können für ein Team anstrengend sein, aber eben genauso inspirierend. Gibt es bei Ihnen im Team ein Enfant terrible oder stellen Sie eher Selbstähnlichkeit ein? Die gleiche Frage können Sie sich ebenfalls in Ihren privaten Welten stellen. Umgeben Sie sich mit Menschen, die anders sind als Sie?

Jazzgrößen wie Miles Davis oder Duke Ellington wussten das. Sie setzten bewusst auf maximale Vielfalt, um sich vor zu viel Konsens zu schützen. So sagt der Trompeter Sean Jones über Miles Davis: „Miles heuerte so unterschiedliche Musiker an, weil er immer auf der Suche nach einem Sound war, den es noch nie zuvor gegeben hatte… Wenn man seine eigenen Freunde anheuert, wird es zu einer Clique. Wenn man Leute von überall her anheuert, kann man sofort seinen eigenen Vibe kreieren. Keiner hat Hemmungen, weil niemand aus dem gleichen Umfeld kommt. Miles Davis hat das sehr gut gemacht: Wenn er eine Band anheuerte, hat er nie seine Freunde angeheuert. Manchmal heuerte er seine Feinde an." Inspirierende Führungskräfte fürchten den Konflikt nicht, sie lieben und begrüßen ihn.

Die Freude daran, sich immer wieder neu zu erfinden, hält Unternehmen lebendig. Wir möchten Sie als Führungskraft ermutigen, in dieser Richtung klare Signale zu setzen. Das gilt selbstredend auch für Sie selbst. Wann haben Sie das letzte Mal etwas zum ersten Mal gemacht? Es gab Zeiten, da war das Leben angefüllt mit Premieren: Das erste Mal allein ohne die Eltern in den Urlaub, in die erste eigene Wohnung ziehen,… Und heute? Finden bei Ihnen noch Premieren statt? Betreten Sie noch Neuland, probieren etwas Neues aus und sind Sie lernend unterwegs? Von wem lernen Sie noch etwas?

Besonders inspirierend fanden wir die Idee von Adam Grant, sich ein sogenanntes Challenger-Netzwerk aufzubauen. Das sind kompetente Menschen in unserem beruflichen Umfeld, die zwei Voraussetzungen erfüllen. Erstens haben sie einen Einblick in unser konkretes Handeln. Jemand, der uns in Interaktion sieht und einschätzen kann. Zweitens sind sie nicht auf den Mund gefallen und reden Klartext. Sie sind professionelle Infragesteller. Das ist notwendig, denn sie sollen uns auf unsere blinden Flecke aufmerksam machen. Die Bereiche unserer Persönlichkeit, wo wir noch unter Potenzial segeln. Die uns ein Feedback aus der externen Perspektive geben, das wir unter Umständen nicht hören wollen, aber das wir für unsere weitere Entwicklung hören müssen. Haben Sie solche freien Radikale in Ihrem Netzwerk? Und vor allem, wären Sie bereit, sich diesem Urteil auszusetzen? Anders formuliert, wie viele Menschen gibt es, von denen Sie sich aufrichtig infrage stellen lassen? Ohne diese kognitive Diversität besteht die Gefahr, dass wir nur noch mehr vom selben denken und sagen. Alternativ könnte es erkenntnisfördernd sein, ein solches Challenger-Netzwerk gemeinsam mit Ihrem Team aufzubauen und sich von diesen Nonkonformisten in regelmäßigen Abständen den Spiegel vorhalten zu lassen.

Zum Schluss ein Wort zum lieben Geld. Anreiz wird im Wirtschaftsleben oft gleichgesetzt mit monetärer Belohnung. Unsere Gesprächspartner sind sich weitgehend einig, dass dieser Effekt nicht überschätzt werden sollte. Er wirkt, wenn überhaupt, allenfalls kurzfristig. „Auch in Hochleistungsunternehmen ist die Motivation nicht nur Geld", so Joachim von Schorlemer. Die Erfahrung zeigt, dass monetärer Anreiz zwar ein wichtiger Hygienefaktor ist, seine Wirkung aber auch schnell wieder verpufft, und zwar in guten wie in schlechten Jahren.

Natürlich geht es bei all diesen Impulsen niemals um eine Störung nur der Störung wegen. Unternehmen tun gut daran, im Laufe der Zeit erfolgreiche Routinen aufzubauen und zu erhalten. Das vereinfacht vieles und hilft, Transaktionskosten gering zu halten. Das Rad muss nicht jeden Tag neu erfunden werden, und was sich bewährt hat, muss nicht dauernd verändert werden. „Don't fix it if it ain't broken" ist eine der Weisheiten, die im Arbeitsleben womöglich die meiste Zeit spart. Jeden Tag eine Grundsatzdiskussion über die richtige Strategie zu führen, ist nicht Ausweis inspirierender Führung, sondern ermüdet und demotiviert Ihr Team. Daher empfehlen wir diesen Gewohnheits-TÜV in einer geeigneten Frequenz durchzuführen. Montag bis Mittwoch stabiles Geschäft und den Rest der Woche Störungen wagen. Eben eine kluge Balance zwischen Stabilität und Agilität.

Folgende Anregungen können helfen, sich dem Thema Neugier zu nähern:

Kritische Selbstreflektion im Erfolg, statt Reparaturdienstverhalten in der Krise

Erinnern Sie sich an Ihren letzten großen beruflichen Erfolg? Die Chancen stehen gut, dass Sie in diesem Moment des Erfolgs alles getan haben, nur nicht darüber zu grübeln, was Sie hätten besser machen können. Es war doch ein Erfolg, also haben Sie alles richtig gemacht. Der Erfolg gibt Ihnen und Ihren Strategien recht. In solchen Situationen machen wir schneller als es uns lieb ist, Bekanntschaft mit dem Fat-Cat-Syndrom. Wir werden träge und überheblich. Wir bestätigen uns wechselseitig im Team, wie großartig unsere Strategien und unser Vorgehen ist. „Läuft doch." Kritiker, die Wasser in unseren zauberhaften Wein gießen wollen, werden mehr oder weniger subtil ausgeblendet. Dieser Prozess geschieht, ohne dass wir es merken, denn er verläuft schleichend. Dann steht völlig überraschend die Krise direkt vor der Tür und Sie können nur noch reagieren. Wie wirkt man diesem Phänomen entgegen?

Bauen Sie in Ihrem Unternehmen eine Kanarienvogel-Gruppe auf. Die Idee stammt vom ehemaligen Personalchef von Google, Laszlo Bock, der ein Prinzip aus dem Bergbau nutzte. Im 19. Jahrhundert hatten Bergleute einen Vogel dabei, wenn sie eingefahren sind. Meist nahmen Sie Kanarienvögel unter Tage mit, da sie auf Kohlenmonoxid sehr schnell reagieren. Sie hörten auf zu singen oder fielen von der Stange und dienten den Bergleuten so als Frühwarnsystem. Eine solche Kanarienvogel-Gruppe besteht aus kommunikationsstarken Andersdenkern, die aus verschiedenen Bereichen des Unternehmens stammen und bei wichtigen strategischen Entscheidungen um ihre kritische Meinung gebeten werden.

Von anderen lernen, statt alles selbst zu erfinden

Man muss nicht jedes Rad selbst erfinden, vor allem, wenn andere schon munter damit voraus rollen. Mit Neugier zur Kenntnis zu nehmen, wie andere (Unternehmen, Führungskräfte) etwas besser machen als wir, kann eine sehr produktive Anregung sein und das Team aus dem Gewohnten herauskatapultieren. Wenn andere eine bessere Lösung für etwas haben: Lasst uns das einfach mal übernehmen! Steve Jobs hat diesen Gedanken in einem Interview 1995 auf den Punkt gebracht: „Ich meine, Picasso hatte ein Sprichwort, er sagte, dass gute Künstler kopieren, große Künstler stehlen. Und wir waren immer schamlos darin, großartige Ideen zu stehlen." Nun mag „stehlen" nicht der Begriff sein, der Sie in

Verzückung versetzt, aber entscheidend ist die Haltung hinter diesem Gedanken. Die beinahe kindliche Neugier und Offenheit auf alles, was um mich herum geschieht. Alles aufzusaugen, denn aus einem kleinen Besuch im legendären Xerox Palo Alto Research Center (PARC) kann, wenn man das Potenzial erkennt, ein bahnbrechendes Produkt wie der Apple Macintosh entstehen.

Fragen Sie sich bei jeder Herausforderung: Wie machen das denn andere? Recherchieren Sie mit Ihrem Team die Möglichkeiten und verlassen Sie dabei die Grenzen Ihres Unternehmens und unter Umständen auch Ihrer Branche. Anschließend werden die Optionen sortiert und bewertet. Was machbar ist – machen!

Experimente wagen, statt in Endgültigkeiten zu denken

Laut Wikipedia ist ein Experiment „eine methodisch angelegte Untersuchung zur empirischen Gewinnung von Information." Das bringt die Sache schon gut auf den Punkt. Aus unserer Sicht fehlt jedoch ein Aspekt. Wir wissen bei einem Experiment nicht, wie es ausgeht. Jeff Bezos: „Es ist kein Experiment, wenn du weißt, dass es funktionieren wird." Das ist entscheidend. Es geht nicht um den sicheren Weg, wo alles vorher klar berechnet ist. Ziel ist Ausprobieren, aber mit dem Anspruch des Erkenntnisgewinns. Aus unserer Erfahrung sterben viele gute Ideen in Unternehmen einen qualvollen Tod, weil alles ganz, ganz genau geplant und abgesichert sein muss, bevor man sich überhaupt auf den Weg macht. Lassen Sie Ihr Team etwas probieren und hängen Sie einen Termin zur Evaluation an das Experiment. Beispielsweise: „Lasst uns für die nächsten drei Monate die Zeit, die wir in Meetings verbringen, pauschal um 50% kürzen. Nach drei Monaten setzen wir uns alle zusammen und tauschen uns über unsere Erfahrungen aus". Shopify geht noch einen Schritt weiter und streicht sämtliche wiederkehrende Meetings mit mehr als zwei Personen auf Dauer. Inspirierende Führungskräfte wecken die Abenteuerlust und Neugierde in uns, die Menschen zu Handelnden werden lässt. Oder anders: Machen ist wie wollen, nur krasser.

Ein konkreter Ansatz könnte ein 5x5 Workshop sein. Fünf Mitarbeiter aus unterschiedlichen Bereichen des Unternehmens haben fünf Tage Zeit, um fünf Geschäftsideen, entweder Wachstum oder Einsparungen, mit einem Budget von maximal fünftausend Euro zu entwickeln. Der Clou: Die Umsetzung dieser Geschäftsideen darf nicht länger als fünf Wochen dauern (Idee: Michael Schrage). Auch wenn im Rahmen dieses geistigen Hackathons keine Idee umgesetzt wird, fördert dieser Workshop den Sinn für das Mögliche.

5

Vertrauen

Sie gehen
aus dem Weg

If we manipulate people,
they will give us exactly what we pay for.
If we inspire people, they will give us more than we ask for.
Simon Sinek

Ich muss bekennen, ich hatte in meinem Leben nicht sehr viele Chefs. Das kann man als Nachteil oder als Bereicherung sehen. Zwei Chefs sind mir allerdings besonders im Gedächtnis geblieben. Einer hat mich mit seiner intellektuellen Brillanz inspiriert, die mich angespornt und immer wieder aus meiner Komfortzone geworfen hat. Der andere Chef heißt Clemens. Es war ein Privileg, ihn während eines längeren Praktikums auf den Philippinen kennenzulernen. Ich hatte bis dahin schon einige Praktika während meines Studiums absolviert und dachte, ich hätte verstanden, wie Chefinnen oder Chefs in etwa ticken und wie man mit ihnen umgeht. Weit gefehlt.

Clemens war damals General Manager eines großen internationalen Konzerns. Von ihm bekam ich den Auftrag, für den Außendienst ein neues Verkäufertraining zu entwickeln, da die bisherigen Konzepte etwas, nennen wir es mal rezeptartig, abliefen. Also ging ich mit den Außendienstlern auf Tour und schaute mir an, wie sie ihren Job ausführten. Was fiel ihnen leicht und welche Situationen waren für sie Herausforderungen. Nachdem ich ausreichend Material gesammelt hatte, machte ich mich ans Werk, um einen ersten Entwurf für ein mögliches Trainingskonzept zu schreiben. Mit diesem Entwurf ging ich zu Clemens, denn meine Praktika-Erfahrung hatte mich gelehrt, nicht zu lange ohne Rücksprache tätig zu werden. Chefs wollen informiert sein.

So stand ich also vor ihm und berichtete von meinen genialen Ideen. Als ich fertig war, schaute ich Clemens erwartungsfroh an. Seine Reaktion hat mich irritiert. Es gab keine Reaktion. Er lächelte milde, sagte aber kein Ton. Weil mir die Sache langsam unangenehm wurde, habe ich ihn aufgefordert: „Du möchtest doch bestimmt einiges dazu sagen, oder?“ Wieder Schweigen und dann kam eine Frage, mit der ich wirklich nicht gerechnet hatte: „Muß ich?" Ich war perplex. Clemens bemerkte meine Unsicherheit und setzte nach: „Schau Eugen, ich habe Dir dieses Projekt übertragen, weil ich mir sicher bin, dass Du es erfolgreich abschließen wirst. Wenn Du ein Problem hast und wirklich nicht weiterkommst, dann stehe ich Dir zur Verfügung. Aber Du musst bei mir keine Statusmeldungen abliefern. Du bist der Projektleiter." Ich werde nie vergessen, mit welcher Mischung aus Aufgeregtheit und Stolz ich aus dem Büro marschiert bin. Ich bin Projektleiter und er traut mir das zu. Ich kann allein entscheiden. Ich bin ein Großer.

Zwei Wochen später war ich wieder in meiner üblichen Routine. Ich hatte an meinem Konzept ein gutes Stück weitergearbeitet und war schon wieder auf den Weg in Clemens Büro, um mir sein ok abzuholen. Auf halbem Weg kam mir seine Frage in den Sinn: „Muß ich?" Ich drehte um und arbeitete weiter an meinem Trainingskonzept. Natürlich habe ich damals noch nicht über Vertrauen und die Wirkung von Vertrauen im Detail nachgedacht, aber ich spürte, dass mir Clemens vom ersten Tag an vertraute.

Vertrauen liegt im Trend, ist Hype. Warum eigentlich? Manche Begriffsinflation deutet auf ein Defizit hin. Vertrauen kommt immer dann um die Ecke und wird heftig beschworen, wenn es abhandengekommen scheint. Je mehr über Vertrauen gesprochen wird, desto größer das wechselseitige Misstrauen. In der Partnerschaft, in der Gesellschaft und im Unternehmen. Jeder misstraut jedem. Die Führenden den Geführten, die Geführten den Führenden, den anderen Abteilungen sowieso und vor allem dem Kunden. Man beargwöhnt einander und unterstellt der jeweils anderen Seite schlechte Absichten. Die Konsequenz: Eine wahre Flut von Absicherungsstrategien in Unternehmen. Schriftlichkeit ist das Gebot der Stunde. Gesprochenes reicht nicht, jeder will es Schwarz auf Weiß: „Setzen Sie mich auf jeden Fall in CC". Dazu kommen ARD: Anweisungen, Richtlinien und Dienstvorschriften. Darin wird alles geregelt. Ja, auch wer beispielsweise wann mit wem kommuniziert, ist detailliert festgelegt. Jede kleine Verletzung dieser Regeln wird umgehend berichtet. Auch eine überaus wirksame Art, Unternehmen lahmzulegen.

Ohne Vertrauen funktionieren Unternehmen nicht, zumindest nicht effizient. Patrick Lencioni identifiziert in seinem sehr lesenswerten Buch „The Five Dysfunctions of a Team" die Abwesenheit von Vertrauen gewissermaßen als die Ursünde. Wenn Vertrauen fehlt, dann helfen keine bürokratischen Ersatzhandlungen. Die Implementierung und Aufrechterhaltung eines umfangreichen Regelungsapparates verursacht immense Kosten, die zwar in keiner Bilanz erscheinen, aber den meisten Führungskräften als Transaktionskosten sehr wohl ein Begriff sind. Die Regelungsdichte verlangsamt unternehmerisches Handeln und verhindert die schnelle Anpassung an Marktveränderungen. Vor allem aber, produziert der Kontrollwahn Opfer auf Seiten der Belegschaft. Irgendwann ist jeder und jedem klar, dass hinter all den Regeln die implizite Botschaft lauert: Ich traue dir nicht! Ich halte dich nicht für vereinbarungswürdig und muss dich folgerichtig dauernd kontrollieren.

Der Preis für diese Haltung ist nicht zu überschätzen. „Wenn meine Führungskraft mir sowieso nichts zutraut", wird sich der Mitarbeiter denken, „warum sollte ich mich dann anstrengen und die Ziele des Unternehmens engagiert verfolgen?" Und es wird noch schlimmer. In der Folge wird der Argwohn der Führung zur sich selbst erfüllenden Prophezeiung. Eine kleine Geschichte verdeutlicht diesen Mechanismus:

Drei Schildkröten leben zusammen in der Wüste. Einmal im Jahr machen sie sich auf den Weg zu einer Oase, um eine Woche Urlaub zu machen und ordentlich zu feiern. Damit sie auch kräftig miteinander anstoßen können, nehmen sie traditionell ihre Trinkbecher mit.

Endlich ist es wieder so weit. Die drei Schildkröten marschieren los: zwei Wochen – vier Wochen – sechs Wochen! Nach acht Wochen erreichen sie endlich die Oase. Vom Durst gequält stürmen sie zum Wasser, ziehen den Becher aus der Tasche und – Mist. Eine Schildkröte hat doch glatt vergessen, ihren Becher einzupacken. „Nun geh schon los und hol ihn, ohne Becher kannst Du ja gar nicht mit anstoßen!" „Ihr müsst mir aber versprechen, dass ihr nicht ohne mich anfangt." „Ehrenwort, wir fangen nicht ohne Dich an."

Nun gut, die Schildkröte macht sich auf den Weg und die anderen beiden warten: zwei Wochen – vier Wochen – acht Wochen – sechzehn Wochen. Als sie nach einem halben Jahr immer noch nicht da ist, sagt die eine Schildkröte an der Oase zur anderen: „Mensch, lass uns schon mal anstoßen, wer weiß wo sie bleibt oder ob sie noch kommt." „Na gut, wenn Du meinst..." Die beiden füllen die Becher, stoßen kräftig an und wollen gerade trinken, da kommt die dritte Schildkröte aus dem Gebüsch gesprungen und schreit entrüstet: „Seht Ihr, gut, dass ich nicht losgegangen bin, ich wusste genau, dass Ihr ohne mich anfangt..."

Wenn wir nur lange genug warten, bekommen wir jede schräge Theorie, die wir uns über das Verhalten anderer konstruiert haben, bestätigt. Jede Verdächtigungskultur begründet ihren eigenen Erfolg. Misstrauen, so der Soziologe Niklas Luhmann, besitzt die unabweisbare Tendenz, sich im sozialen Miteinander zu bestätigen und zu verstärken. Wir ernten, was wir säen. Misstrauische Führungskräfte werden immer Recht behalten und als systemische Antwort von ihren Mitarbeitern ebenfalls misstrauisch unter die Lupe genommen. Wenn Sie jetzt fragen, wie kann ich Menschen inspirieren, die mir nicht vertrauen, dann haben wir eine klare Antwort: gar nicht.

Nun wird nicht jeder das Kriegsbeil des Misstrauens schnell, geschweige denn final begraben können. Zu schmerzhaft sind die Verletzungen der Vergangenheit, die erlittenen Demütigungen oder die Sorge, als naiver Sozialromantiker hingestellt zu werden. Der Kern von Vertrauen ist die Möglichkeit der Enttäuschung. Sie haben nie die Erwartungssicherheit, dass andere sich immer und unter allen Bedingungen in Ihrem Sinne verhalten. Das Risiko läuft immer mit. Noch einmal: Schleusen Sie Ihre Mitarbeiter durch normiertes, verregeltes Terrain, warten Sie skeptisch im Gebüsch, um einspringen zu können, wenn etwas nicht nach Ihren Vorstellungen läuft – dann wird die Ernte Ihres Misstrauens reichhaltig sein. Mit dieser Haltung auf die Mitarbeiter blickend, wird ein kreativer Geist immer fündig werden. Es gibt kein Handeln auf Seiten der Mitarbeiter, das nicht als Bestätigung des selbstverständlich gerechtfertigten Misstrauens interpretiert werden kann.

„Der Kern von Vertrauen ist die Möglichkeit der Enttäuschung."

Wenn Sie als Führungskraft Vertrauen ernst nehmen wollen, dann machen Sie sich klar, dass dieser Schritt eine bewusste Wahl ist und für diese Wahl ein Preis fällig ist. Ihre Wahlentscheidung geht von der These aus, der andere wird Ihnen nicht schaden, obwohl er es könnte. Sie gewinnen die Herzen und das Engagement der Menschen nur, wenn Sie bereit sind, dieses Investment zu tätigen. Die Entscheidung liegt ganz bei Ihnen. Mut ist manchmal Handeln trotz oder unter Angst. Es geht um den Mut, Kontrolle als sich selbst erfüllende Prophezeiung des Misstrauens zurückzufahren.

Kein naives Zurückfahren, sondern ein Verzicht als Vorschuss, der auf einem Mindestmaß an Leistungsfähigkeit und Leistungswilligkeit auf Seiten der Mitarbeiter gründet. Ohne diesen Kompetenzverdacht setzt sich Vertrauen der Gefahr der Beliebigkeit aus.

Unter diesem Anspruch einen Augenblick über Zeit absorbierende, Qualität mindernde, Kosten verursachende, Kreativität erstickende, kurz unnötige und überflüssige Kontrollschleifen nachzudenken, kann eine befreiende Wirkung haben. Wir kennen Unternehmen, die diesen Selbstreinigungsprozess mit dem One-In, One-Out-Prinzip erfolgreich in den Griff bekommen. Wenn eine neue Regel eingeführt wird, muss an anderer Stelle eine Regel abgebaut werden. Das wird kein leichter Prozess, da es immer Anwälte für die Sicherheitsschleife einer Regel geben wird. Der Gründer und CEO von Shopify bringt es auf den Punkt. „Das Beste, was Gründende tun können, ist Subtraktion." Gleichzeitig verweist er auf die Herausforderung: „Es ist viel einfacher, Dinge hinzuzufügen, als Dinge zu entfernen."

Nicht nur aus Compliance-Abteilungen hören wir oftmals trotzdem ein einschränkendes Wort: aber. Getreu dem Motto: Vertrauen ist gut… Sie kennen den Rest. Da ist es wieder. Das So-oder-so-Denken. Vertrauen ist entweder an oder aus. Es herrscht die Vorstellung, dass Vertrauen eine bedingungslose Vorleistung sein muss. Dem widersprechen wir. Vertrauen ist nicht digital: da oder nicht da. Praktischer ist es, von mehr oder weniger zu sprechen. Außerdem mag es förderlich sein, sich bewusst zu machen, dass Vertrauen aus drei Komponenten besteht: Wer vertraut wem in Bezug auf was? Hier ja, dort vielleicht weniger.

Diese Differenzierung ist wichtig, da ein zu pauschales Verständnis von Vertrauen schnell im Widerspruch zum

Leistungsprinzip und der Übernahme von Verantwortung stehen kann. „Wird schon werden, weil wir uns doch vertrauen." Nett zueinander zu sein hat allerdings nichts mit Vertrauen zu tun. Christian Kullmann bringt es auf den Punkt: „Vertrauenskultur darf nicht missverstanden werden. Damit ist nicht gemeint, dass alle alles wissen sollen, aber keiner entscheiden muss. Sonst wäre das Ergebnis die organisierte Nicht-Verantwortung. Alles dauert dann sehr lange und führt zum kleinsten gemeinsamen Nenner." Kullmann stellt das Führungsprinzip seines Mentors Werner Müller dagegen: „Müller hat vertraut, wenn er Kompetenz und Qualität erkannt hat. Man kann jemanden mögen, ohne dass er Leistung bringt. Man kann jemanden für seine Leistung respektieren – aber beide Dimensionen reichen für sich genommen nicht für Vertrauen."

Lassen Sie uns also über die Verhältnismäßigkeit von Vertrauen sprechen. Natürlich bedarf es im Unternehmen gewisser Regeln, Standards und ja, auch Kontrollen. Man kann es sogar zuspitzen: Kontrollen sind Vertrauensbeweise. Wie bitte? Ohne, dass Sie von Zeit zu Zeit hinschauen und Erwartungen, die sie gemeinsam formuliert haben, abgleichen, bekommen Sie als Führungskraft keine Bestätigung Ihres Vertrauens. Unsere Gesprächspartner waren sich jedenfalls einig, dass checks and balances, Messen und Nachhalten, Befolgen von Prozessen, notwendige Bestandteile einer Vertrauenskultur sind und diese erst ermöglichen. Ohne solche Systeme, „Halteseile" gewissermaßen, würde es sehr schnell zu einer allgemeinen Überforderung kommen. Auf diese Weise entsteht Vertrauen in das System, ein wesentliches Element gerade auch im Aufbau militärischer Organisationen. „Auch wenn es immer wieder Einzelne geben kann, die sich teilweise abweichend verhalten, so bleibt das System integer. Ich kann mich auf die Kompetenzen der Vorgesetzten verlassen, auch wenn ich sie nicht persönlich kenne. Das ist entscheidend, denn uns sind letztlich Gesundheit und Leben der Soldaten anvertraut", so General Domröse.

Verabredungen zu überprüfen ist kein Misstrauen, sondern, sofern es verhältnismäßig geschieht, sogar notwendig. Im Übrigen: Verzichten Sie als Führungskraft darauf, sich überhaupt für die Arbeit Ihrer Mitarbeiter zu interessieren, bekommen Sie sehr schnell ein ganz anderes Problem. Bitte lassen Sie sich daher nichts von Moralpredigern einreden. Nicht jede Kontrolle untergräbt Vertrauen. Allerdings zum 48. Mal eine Aufgabe zu kontrollieren, bei der bereits der Nachweis erbracht wurde, dass sie routiniert beherrscht und erledigt wird, ist wohl eher ein pathologischer Befund.

Daher ist es praktisch, sich Vertrauen als eine Art Schieberegler vorzustellen, den ich individuell unterschiedlich einstelle. Ein neuer Mitarbeiter wird andere Kontrollschleifen durchlaufen als eine Kollegin, mit der ich 10 Jahre erfolgreich zusammenarbeite. Auf der einen Seite vertraue ich womöglich den analytischen Fähigkeiten meines Mitarbeiters, aber nicht seiner integrativen Begabung beim Auftreten von Konflikten. Es mag unterschiedliche Vertrauensbereiche und unterschiedliche Vertrauensspannen geben. Zugegeben, das mag nicht immer einfach sein, aber die Flucht in die komplette Risikovermeidung ist für den Erfolg von Unternehmen mit Sicherheit das größte Risiko. Es wird in vielen Unternehmen eher zu wenig als zu viel vertraut. Daher ist bei aller Differenzierung, Ausbalancierung und intelligenten Abwägung wesentliches Kennzeichen inspirierender Führung, den Regler im Zweifel mutig, ja mutig, ein Stück mehr in Richtung Vertrauen zu schieben.

Wer selbst misstrauisch ist, verdient der viel Vertrauen? – fragt Johann Wolfgang von Goethe. Zu Recht. Denn die zarte Pflanze des Vertrauens, nach der wir uns alle sehnen, wurzelt in uns selbst. Also raus aus dem Gebüsch! Wenn Sie mit anderen gemeinsame Ziele verfolgen und kooperieren wollen, dann sollten Sie ihnen vertrauen. Wenn Sie ihnen aus welchen Gründen auch immer nicht vertrauen können, dann ist das auch in Ordnung, aber dann beenden Sie besser den gemeinsamen Weg.

Die Corona-Pandemie hat gezeigt, dass Loslassen und Aus-dem-Weg-gehen, keine schlechten Strategien sein müssen. Viele Mitarbeiter sind aufgeblüht, als sie nicht mehr dauernd den heißen Atem ihrer Führungskraft im Nacken spürten. Weil sie eigene Wege gehen konnten. Weil sie das Gefühl hatten, dass die Führung ihnen zutraut, mit der Freiheit verantwortungsvoll umzugehen. Dieses Empfinden, dass andere an mich, meine Potenziale und meine Verantwortlichkeit glauben, hat einen riesigen Vorteil. Es entsteht Bindung. Vertrauen bindet. Oder etwas deutlicher: Vertrauen verpflichtet. Diesen Effekt können Sie gar nicht überschätzen.

Auf diese Weise erhält Vertrauen nämlich eine belastbarere Basis. Weil wir uns vertrauen, können wir uns etwas zumuten! Wir können unsere Meinungen austauschen ohne das Risiko, persönlich beschädigt zu werden. Wir können uns darauf verlassen, den anderen nicht enttäuschen zu wollen, also unser Bestes zu geben.

Je größer Ihr Mut ins Risiko zu gehen, desto größer die ausgelöste Verpflichtung. Der amerikanische Psychologe Robert Cialdini macht uns nachdrücklich auf die Wirkung der Verpflichtung aufmerksam und nennt es das Prinzip der Reziprozität. Wir behandeln andere so, wie wir selbst behandelt werden. Wir suchen immer den Ausgleich. Wenn andere uns gegenüber aus freien Stücken in Vorleistung gehen, so wollen die meisten Menschen diese Vorleistung zurückgeben. Die meisten lernen das schon als Kinder. Wenn wir beispielsweise von Michael zum Geburtstag eingeladen worden sind, dann achten unsere Eltern darauf, dass wir selbstverständlich Michael ebenfalls zu unserem eigenen Geburtstag einladen – auch wenn wir das gar nicht wollen. Wenn Führung deutlich macht, dass es auf den Einzelnen ankommt und bereit ist, sich ernsthaft auszuliefern, indem sie ins Risiko geht, dann und nur dann kann sich die verpflichtende Wirkung des Vertrauens entfalten.

Machen wir es praktisch. In Anlehnung an David Bodanis möchten wir Sie gern zu einem Gedankenexperiment einladen. Stellen Sie sich vor, Sie sind Danny Boyle. Danny, wer? Danny Boyle ist ein britischer Regisseur, der für seinen Film „Slumdog Millionaire" unter anderem mit dem Oscar für die beste Regie ausgezeichnet wurde. Sie sind also Danny Boyle und Ihnen wird angeboten, die Eröffnungsfeier der Olympischen Spiele 2012 in London als Produzent und künstlerischer Leiter zu inszenieren. Da wir weiter davon ausgehen, dass Sie das Angebot annehmen, stehen Sie vor einem großen Problem. Sie kennen die britische Presse nur zu gut. Auf keinen Fall möchten Sie, dass Details der von Ihnen großartig geplanten Eröffnungsfeier vorher publiziert werden und damit der Effekt der Show verpufft. Allerdings benötigen Sie für das Event Tausende von Freiwilligen, die über einen Zeitraum von einem Jahr, so lange dauern die Vorbereitungen, dicht halten müssen. Was machen Sie?

Natürlich, Sie lassen alle ein Non-Disclosure Agreement unterschreiben. Jede Verletzung der Geheimhaltungsvereinbarung kostet die Statisten einen Haufen Geld. Das ist der richtige Weg! Nicht für Danny Boyle. Als die Funktionäre des Olympischen Komitees ihn fragten, wie er vermeiden wolle, dass Informationen nach außen dringen, sagte er „Lasst sie uns freundlich darum bitten." Auf Anraten eines Funktionärs (Sebastian Coe) verwandte Boyle bei seiner Bitte nicht das Wort Geheimnis, sondern den Begriff Überraschung. Die ganze Aktion lief unter #SavetheSurprise – und jeder hielt dicht. Selbst die Prinzen William und Harry waren überrascht, ihre Großmutter in der legendären Szene mit Daniel Craig zu sehen. Danny Boyle vertraute den Statisten und lieferte sich ihnen aus. Keiner wollte diese Verpflichtung brechen, da er sie auf Augenhöhe behandelte. Er setzte sich für sie ein und drohte mit Rücktritt, wenn die Freiwilligen, die enorm viel Zeit in diese Feier investiert hatten und dafür nicht entlohnt wurden, ihre Kostüme hätten bezahlen müssen. Andere als Erwachsene, als vereinbarungswürdige Menschen zu behandeln, kann eine enorme Wirkung entfalten.

Legen wir noch eine Kohle drauf. Was wäre der maximale Schritt des Auslieferns für Sie als Führungskraft? Würden Sie sich zur Wahl stellen? Auch mit dem Risiko, dass nur wenige sie wählen und Sie vielleicht abgewählt werden? Bevor Sie jetzt das Buch entrüstet zur Seite legen, schlagen wir Ihnen einen weiteren TED-Talk vor. Sie merken, wir sind Fans dieses Formates. Unter *https://www.youtube.com/watch?v=TOWRoDey6Xk* finden Sie einen inspirierenden Vortrag von Marc Stoffel, CEO von Haufe-Umantis, einem Anbieter von Talentmanagementlösungen. Dort beschreibt er genau diese Erfahrung, nämlich sich 2013 als CEO zur Wahl zu stellen. Und zwar nicht vor dem Verwaltungsrat, sondern vor den Mitarbeitern. Und das nicht nur einmal, sondern jedes Jahr wieder. Wir erkennen, dass Vertrauen eine gute Investition ist. Je mutiger ich bereit bin zu investieren, desto größer der Ertrag. Es ist offensichtlich, dass gewählte Führungskräfte mehr Vertrauen und Rückhalt aus dem Team genießen dürfen.

Sie mögen einwenden, dass bei Haufe-Umantis nur 150 Menschen tätig sind. Gut. Wie wäre es mit über 10.000 Menschen? Im Jahr 2005 hat sich bei W. L. Gore & Associates, Ihnen vermutlich bekannt durch die Gore-Tex Produkte, etwas sehr Spezielles ereignet. Als Chuck Carroll, der frühere CEO von Gore, in den Ruhestand verabschiedet wurde, entschied nicht der Vorstand über den Nachfolger, sondern der Vorstand befragte die Mitarbeiter von Gore, wem sie bereit wären zu folgen. Die Mitarbeiterinnen und Mitarbeiter erhielten allerdings keine Namensliste; sie konnten jeden im Unternehmen nominieren. Eine dieser Mitarbeiterinnen war Terri Kelly, die seit 22 Jahren bei Gore arbeitete. Zu Terris Überraschung stellte sich heraus, dass für die meisten Menschen sie die geeignete neue CEO war. Entsprechend bekam sie die Funktion offiziell und hat diese Rolle außerordentlich erfolgreich bis 2018 ausgeübt.

„Würden Ihre Mitarbeiter Sie wählen, wenn sie die Möglichkeit dazu hätten?“

Falls Ihnen diese Ansätze zu befremdlich erscheinen, starten wir noch einen letzten Versuch und bitten Sie, sich auf folgendes gedankliche Experiment einzulassen: Setzen Sie sich in einen gemütlichen Sessel oder eine Sofaecke, genehmigen Sie sich eine Tasse Kaffee oder Tee, legen Sie sich ein Blatt Papier sowie einen Stift parat und stellen Sie sich aufrichtig nur diese eine Frage: Würden Ihre Mitarbeiter Sie wählen, wenn Sie die Möglichkeit dazu hätten? Alles was Ihnen in den Sinn kommt, sollten Sie sofort aufschreiben, es könnte lohnend sein, diese Gedanken noch ein wenig zu ventilieren. Sie ahnen es schon. Diese Frage betrifft nicht nur Ihre Wirkung als Führungskraft, sie betrifft nicht nur Ihre Begabung, Vertrauen um sich herum aufbauen zu können, sie tangiert fundamental Ihre Inspirationsfähigkeit. Wenn Ihre Mitarbeiter Sie nicht wählen, aus freien Stücken ja zu Ihnen sagen, wie wollen Sie dann die Menschen um Sie herum erreichen, geschweige denn inspirieren?

Lassen Sie uns an dieser Stelle noch einen kurzen Blick auf die Frage werfen, warum eigentlich jemand Ihnen vertrauen soll. Klar, selbst einen Vertrauensvorschuss zu gewähren, ist ein guter Anfang. Reicht aber vermutlich noch nicht, um als vertrauenswürdig angesehen zu werden. Charles H. Green hat eine Formel entwickelt, die die Vertrauenswürdigkeit einer Person beschreibt:

Vertrauenswürdigkeit = (Glaubwürdigkeit + Zuverlässigkeit + Vertraulichkeit)/Selbstbezogenheit

Die einflussreichste Größe dieser Formel ist die einzige Variable, die im Nenner steht – Selbstbezogenheit. Je weniger ich mit mir selbst beschäftigt bin, je weniger ich signalisiere, dass mir mein Erfolg und meine Bedürfnisse am wichtigsten sind, desto stärker steigt die Vertrauenswürdigkeit. Für die tägliche Realität im Unternehmen hat das enorme Auswirkungen.

Michael Diederich erzählt dazu folgende Geschichte: Der Prozess einer Kontoeröffnung wurde von vielen Mitarbeitern als umständlich und zeitraubend empfunden. Also tat der Vorstand das, was ein guter Vorstand tut: Er verabschiedete einen neuen Prozess, der den gesamten Vorgang von 60 auf 10 Minuten verkürzte, weniger fehleranfällig und viel digitaler war. Die Einführung gestaltet sich überraschend schleppend, der alte Prozess schien erhebliches Beharrungsvermögen zu haben. In einem sogenannten all hands call stellte Diederich die Frage, woran das wohl liegen könnte. Nach einer längeren Pause meldete sich ein Trainee zu Wort: „Schaffen Sie die Drucker in den Filialen ab.“ Denn obwohl das Formularwesen des alten Prozesses allseits als mühselig empfunden wurde, war es schlicht die Macht der Gewohnheit, die die alte Welt am Leben hielt. „Mit diesem Feedback wurde uns klar, dass wir einen Fehler gemacht hatten: Wir hätten die Option des bisherigen Vorgehens nicht offenhalten sollen. Aber wenn Ihnen das keiner aus der Organisation sagt, kommt man als Vorstand nicht drauf", so Diederich. Was hat diese Geschichte mit Vertrauen zu tun? Nun, würde jemand Verbesserungsbedarf in der Organisation offen ansprechen, wenn er mit Repressionen seiner Vorgesetzten rechnen müsste? Es gibt – leider – viele Unternehmen, in denen die Ängste so groß sind, dass Dinge nicht zur Sprache kommen – eine größere Innovationsbremse kann man sich kaum vorstellen.

Aber was ist, wenn trotz Vertrauensvorschuss und Vertrauenswürdigkeit das quid pro quo nicht funktioniert? „Ich kann investieren so viel ich will, aber ich bekomme nichts zurück. Wenn sie wüssten, wie die sich verhalten". Das tut weh, ist aber Teil des Spiels. Das Risiko läuft immer mit. Schmerzhafte Erfahrungen und Enttäuschungen bleiben im Laufe Ihrer Karriere nicht aus. Wie Sie damit umgehen, das liegt in Ihrer Hand. Auf jeden Fall sollten Sie auf einen Vertrauensbruch zeitnah reagieren. Ob Sie unter Umständen eine Trennung in Erwägung ziehen, mag im Einzelfall zu bewerten sein. Gehen wir davon aus, Sie wollen sich nicht trennen. Und jetzt? Was halten Sie vom Prinzip der zweiten Chance? Wobei wir die Zahl zwei betonen wollen. Eine dritte, vierte ... Chance irritiert eher und lässt Sie unglaubwürdig erscheinen.

Schauen wir uns das Prinzip der zweiten Chance genauer an. Der amerikanische Politikwissenschaftler Robert Axelrod hat uns mit seinem Buch über „Die Evolution der Kooperation" einige praktische Überlegungen zum Umgang mit eigennützigem Verhalten zur Verfügung gestellt. Als Grundlage nutzte er das Gefangenendilemma, welches bei vielen sozialpsychologischen Fragestellungen die Methode der Wahl ist. Gesetzt den Fall, man spielt das Gefangenendilemma nicht nur einmal, sondern 200-mal, welche Heuristik ist geeignet, um Kooperation wahrscheinlicher werden zu lassen? Das überraschende Ergebnis: Die einfachste Methode lieferte in den zahlreichen Computersimulationen die besten Ergebnisse: Tit for Tat. In der kürzesten Form beschreibt Tit for Tat die Strategie „wie du mir, so ich dir".

Warum ist diese Methode den anderen Modellen so klar überlegen? Weil Tit for Tat Klarheit und Berechenbarkeit auszeichnet. Beides ist für Kooperation, Sie können jetzt auch Vertrauen einsetzen, elementar. Am Anfang setzten viele Modelle auf eine freundliche, kooperative Eröffnung. Entscheidend ist jetzt, wie die Modelle damit umgegangen sind, wenn der Partner das Kooperationsangebot abgelehnt (defektiert) hat? Wenn jetzt die Reaktion immer noch freundlich war, dann hat sich für die andere Seite die Nicht-Kooperation gelohnt. Das unkooperative Handeln wurde durch die Freundlichkeit legitimiert. Wir werden das später noch ausführen, aber an dieser Stelle sei bereits angemerkt: Wenn Mitarbeiter sich unkooperativ verhalten und Sie reagieren nicht, dann stimmen Sie zu. Deswegen ist es wichtig, im Fall von Vertrauensbrüchen schnell und klar zu konfrontieren. Und anschließend wieder auf Kooperation zu setzen. Das ist die zweite Chance, die andere bekommen. Ein- und letztmalig.

Zusammengefasst bedeutet dieses Vorgehen für das Thema Vertrauen und insbesondere Vertrauensbrüche folgendes:

1. Setze am Anfang auf (maßvolles) Vertrauen. Wenn der andere darauf eingeht und entsprechend handelt, sind wir sehr schnell in einer Vertrauensspirale, die beiden nützt.

2. Wenn der andere das Vertrauen bricht, handle schnell, begründet, angemessen und lasse das Verhalten nicht ungestraft.
3. Setze danach wieder auf Vertrauen und gib dem Partner die berühmte zweite Chance.

Es lohnt sich nach Axelrod, auf Tit for Tat zu setzen. Wenn dieses Vorgehen erkannt wird, sieht mein Gegenüber ein, dass der Partner sich nicht ausbeuten lässt und passt sich entsprechend an, sofern er selbst im Spiel bleiben will. Ja, es gibt Menschen, die das in sie gesetzte Vertrauen nicht rechtfertigen. Eine uns bekannte Führungskraft setzt diesen Wert pragmatisch mit 5% an. Damit sollte jede Führungskraft lernen umzugehen. Was wäre die Alternative? Alles zu jeder Zeit immer unter Kontrolle zu halten bedeutet, einen sehr hohen Preis zu zahlen. Indem wir nichts mehr riskieren, können wir auch nichts mehr gewinnen. Vor allem erreichen wir andere Menschen nicht mit Ängstlichkeit und heftigem Zögern. Inspiration ist ohne Mut zum Vertrauen nicht möglich.

Folgende Anregungen können helfen, sich dem Thema Vertrauen zu nähern:

Vertrauen pflegen, statt Verdacht zu hegen

Muss man sich bei Ihnen als Erstes das Vertrauen oder das Misstrauen verdienen? Vermutlich werden viele an die eigene Biografie denken und sagen, „ich musste mir das Vertrauen meines Chefs ebenfalls erst mühsam verdienen". Da haben wir, wie Sie sich vorstellen können, einige Einwände. Nicht jedes Führungsverhalten, das wir erleben dürfen, ist per se geeignet. Mit guter Absicht rufen wir Ihnen zu: Wenn Sie keine Vorbilder sehen, dann seien Sie wenigstens selbst eins. Wesentlicher erscheint uns aber, auf den Zeitaspekt hinzuweisen. Vertrauen verdienen dauert sehr lange. Haben Sie für solche Spiele Zeit? Sie müssen nicht das MIT, McGregor und Theorie XY hervorkramen. Es ist einfach praktisch, davon auszugehen, dass Menschen gute Absichten haben und wohlmeinend sind. Wenn Sie zweifeln, lesen Sie „Im Grunde gut" von Rutger Bregman.

Mit welchem Menschenbild schauen Sie auf Ihr Team? Oder etwas persönlicher: Mit welchem Menschenbild schauen Sie auf sich? Wie können Sie jemandem vertrauen, wenn Sie an seiner oder ihrer Stelle betrogen hätten? Ohne Selbstvertrauen kein Vertrauen in andere.

Kontrollverzicht fördern, statt Regelinflation zu begünstigen

Nochmal sei Luhmann erwähnt, diesmal mit einem seiner berühmtesten Buchtitel: „Vertrauen: Ein Mechanismus der Reduktion sozialer Komplexität". Kurz: Vertrauen ist effizient. Vertrauen senkt Transaktionskosten, beschleunigt Prozesse und macht gemeinsame Problemlösung wahrscheinlicher. Außerdem ist es sowieso eine Illusion, dass wir alles im Griff haben können. Wozu benötigen Sie Zeiterfassungssysteme? Physische Anwesenheit ist kein Prädiktor für Produktivität. Das von Thompson/Ressler entwickelte Results-Only Work Environment (ROWE) Konzept für die Handelskette Best Buy ist nur ein Beispiel für die Entwicklung hin zu stärkerer Ergebnisorientierung. Und in Zeiten knappen Personals ist es nicht nur eine Frage der Inspiration, sondern eine schlichte Notwendigkeit, Mitarbeitern Flexibilität und Zeitsouveränität einzuräumen. Natürlich sollten Sie nicht alle Kontrollsysteme abschaffen, aber ohne Reduktion und intelligente Alternativen wird es auch nicht gehen – mit Fingerspitzengefühl, versteht sich, und mit ein wenig Mut.

Wann haben Sie das letzte Mal gesagt: „Mach mal"? Ohne explizite Vereinbarungen, Verhandlungen oder Protokolle? Wann haben Sie einfach so losgelassen und darauf vertraut, dass die Mitarbeiter zu Ihnen kommen, wenn sie tatsächlich ein gravierendes Problem haben?

Radikale Transparenz statt maximale Geheimniskrämerei

General Domröse macht am Beispiel der russischen Armee in der Ukraine klar, wie desaströs, und hier auch existenziell, fehlendes Vertrauen in einer Organisation sein kann: „Die schweren Anfangsverluste entstanden, weil keiner wusste, was los war. Kein Vertrauen, nirgendwo." Wenn Sie die Website des Unternehmens Buffer anklicken, die Social-Media-Tools anbietet, dann können Sie dort unter anderem das aktuelle Gehalt von Joel, dem CEO, einsehen (298.958 Dollar). Aber nicht nur von ihm, sondern von allen 81 Mitarbeitern. Zusätzlich erfahren Sie nebenbei gleich noch die Gehaltsformel: Rolle x Lebenshaltungskosten = Gehalt. Genauso wird der Umsatz tagesaktuell angezeigt und auch der Source Code wird öffentlich gemacht. Und Buffer ist nicht allein. Zahlreiche Unternehmen aus dem Silicon Valley bekennen sich zur radikalen Transparenz. Warum? Weil es schlicht effizient ist. Wie einer der Gründer es ausdrückt: „Wenn du transparent bist, hast du 1.000 Menschen, die für dich mitdenken". Einverstanden, man kann es mit der Transparenz auch übertreiben. Aber wie sollen Mitarbeiter unternehmerisch handeln, wenn ihnen wichtige Informationen vorenthalten werden? Wenn das Misstrauen wieder aus dem Gebüsch springt, da die Führung den Mitarbeitern nicht zutraut, verantwortlich mit den Informationen umzugehen? Die Drogeriemarktkette dm beispielsweise nutzt seit 1993 die Wertbildungsrechnung, mit der, für ein Handelsunternehmen ungewöhnlich offen, viele Kennziffern den Mitarbeitern zur Verfügung gestellt werden. Ohne von Informationen erschlagen zu werden, bekommen die Mitarbeiter so die für sie notwendigen Daten, um gute Entscheidungen treffen zu können. So gesehen ist Transparenz gelebtes Vertrauen in die Mitarbeiter.

Inspiration ist, etwas zu tun, womit niemand rechnet. Das meinen wir selbstverständlich im positiven Sinne. Überraschen Sie Ihre Mitarbeiter einmal dadurch, dass Sie Informationen teilen, die Sie bisher nicht geteilt haben. Wenn Sie es ein wenig kleiner haben wollen, reicht es aus, Ihrem Team im nächsten Meeting folgende Frage zu stellen: Was würde euch interessieren zu wissen, nicht aus Neugier, sondern schlicht, weil ihr es für eure Arbeit wirklich braucht?

6

Verantwortung

Sie sorgen dafür,
dass jeder seinen Teil
beiträgt

Der Appetit kommt beim Essen,
die Inspiration beim Arbeiten.
Igor Strawinsky

Im letzten Abschnitt haben wir Ihnen angeboten, auf Basis von Vertrauen Freiräume für andere zu schaffen. Das heißt intelligent loslassen, denn inspirierende Führung ist nicht zu verwechseln mit Laissez-faire. Wir plädieren für einen Verzicht auf eine Bevormundungskultur und Einmischung, wo sie nicht angebracht ist. Vielleicht sogar zeitweise auf Führung selbst. Es ist schön, wenn der Laden funktioniert, auch wenn der Chef da ist. Inspirierende Führungskräfte machen sich überflüssig. Die so geschaffenen Freiräume können die Mitarbeiter nutzen. Als Lernzonen, als Möglichkeit, Neues in die Welt zu bringen und vor allem als Chance, um sich und das Unternehmen voranzubringen. Auch wenn diese Entwicklung mit Mühen verbunden ist und auch wenn dabei nicht alles glatt läuft. Aber letztlich geht es um nichts weniger, als um die Freiheit zu gestalten.

Was ist aber, wenn das Angebot existiert, nur es entsteht keine Nachfrage? „Freiheit heißt Verantwortung. Deshalb wird sie von den meisten Menschen gefürchtet", so der Ire George Bernard Shaw. Führungskräfte beklagen, dass die Mitarbeiter die so mühsam geschaffenen Räume nicht nutzen. Was läuft hier schief? Bevor Sie jetzt auf Defizite der Mitarbeiter verweisen, kann es erkenntnisfördernd sein, sich die Frage zu stellen, was ist mein Beitrag, damit der Mitarbeiter sich verhält, wie er sich verhält. Es könnte beispielsweise sein, dass Ihr Team, wenn es nicht die Verantwortung wahrnimmt, damit durchkommt. Ihr Nicht-Handeln hat Konsequenzen, die Sie nicht kalkuliert haben.

In Anlehnung an Watzlawick lässt sich dieser Gedanke vertiefen: Sie können als Führungskraft niemals keine kulturellen Signale setzen, es findet immer soziales Lernen statt. Sie werden haargenau beobachtet. Insbesondere wo Sie wegschauen, was Sie durchgehen lassen, wo Sie nicht intervenieren, wird exakt analysiert. Daraus wird dann abgeleitet, welche Spielregeln gelten, was zulässig ist und was nicht. Robert Sutton, Professor an der Stanford Graduate School of Business, beschreibt das deutlich: „Die Kultur einer jeden Organisation wird geprägt durch das schlimmste Verhalten, dass die Führungskraft gerade noch bereit ist zu tolerieren." Sie sind als Führungskraft nicht nur Leistungs-, sondern vor allem auch Kulturträger. Ihr Handeln prägt, stärker als Sie es befürchten, die Art und Weise, wie Zusammenarbeit praktiziert wird.

Schauen wir uns das Nicht-Handeln und die Konsequenzen etwas genauer an. Wir dürfen davon ausgehen, dass es in Unternehmen Kollegen gibt, die sich gern mal „raushalten" – insbesondere dann, wenn es schwierig wird und wenn Handeln oder Entscheiden mit Risiken verbunden ist. Andere den Hauptteil der Arbeit machen lassen und bestenfalls als Trittbrettfahrer dabei zu sein, ist deutlich angenehmer. In der Folge sinkt das Engagement bei den Leistungsträgern. In der Psychologie ist dieses Phänomen als Sucker-Effekt bekannt. Keiner will gern ausgenutzt werden. Was die Motivation der Leistungsträger dabei besonders mindert, ist oft weniger die Dreistigkeit ihrer entspannten Kollegen, als vielmehr die Ignoranz der verantwortlichen Führungskräfte. „Wieso kommt der Kollege damit durch"? Führung kann kein Team inspirieren, in dem die „Zugpferde" in eine Gratifikationskrise (Siegrist) geraten, weil sie den Eindruck haben, dass ihre Einsatzbereitschaft ausgenutzt wird.

Entscheidend ist daher, wie Sie mit dieser Flucht aus der Verantwortung als Führungskraft umgehen. Wenn Sie sich ebenfalls aus Ihrer Verantwortung als Führungskraft ziehen und ein Führungsvakuum schaffen, wählen Sie vermutlich die schlechteste Option. Untätigkeit produziert Kollateralschäden auf der Motivationsebene und lädt ein, die innere oder äußere Kündigung zu vollziehen. Verantwortung enthält die Verpflichtung, mit Konsequenzen für eigenes Tun und Handeln einzustehen. Es existieren zwei Arten der Verantwortung. Zum einen gibt es die primäre Aufgabenverantwortung, die man trägt, wenn man sich entschlossen hat, eine Aufgabe in einer bestimmten Qualität zu erledigen. Davon unterscheidet man die sekundäre Verantwortung, die Rechenschaftsverantwortung, zu der man gezogen wird und wo man sich erklären muss (Rechenschaftspflicht §666 BGB). Im Begriff Verantwortung steckt bereits das Wort „Antwort". Derjenige, der die Rechenschaftsverantwortung trägt, sollte demnach fähig sein, eine Antwort zu geben. Diese wird im agilen Umfeld auch gern als Accountability beschrieben. Während Aufgabenverantwortung sich also auf Engagement und Handeln bezieht, geht es bei der Rechenschaftsverantwortung um die Kommunikation. Beide bedingen einander.

„Die Kultur einer jeden Organisation wird geprägt durch das schlimmste Verhalten, das die Führungskraft gerade noch bereit ist zu tolerieren."

Die Rechenschaftspflicht ist aus zwei Gründen für unsere Überlegungen interessant. Zum einen betrifft dieses Thema sowohl Führungskräfte als auch Mitarbeiter gleichermaßen. Zum anderen hat die Accountability erhebliche Auswirkungen auf Inspiration. Auf den britischen Politiker Herbert Henry Asquith geht folgender Gedanke zurück: „Der Erfolg hat viele Väter, der Misserfolg höchstens einen amtlich bestellten Vormund." Für den Erfolg übernehmen wir gern die Rechenschaftspflicht – in welcher Form auch immer. Wenn sich der Erfolg leider nicht eingestellt hat, dann werden variantenreich die Umstände dafür verantwortlich gemacht. Die Kollegen, der Kunde, der Wettbewerb, die politischen Umstände, ... Sie kennen das. Auch von sich selbst? Psychologen nennen das Sense of Agency und lenken damit die Aufmerksamkeit auf die Frage, ob Menschen ihr Handeln sich selbst zuschreiben oder die Verantwortung dafür delegieren. Im Kern geht es darum, ob ich der Urheber meines Handelns bin.

Die meisten von uns buchen die positiven Folgen ihres Handelns auf das eigene Konto, während für die negativen Folgen ein gänzlich anderer Kontenrahmen zuständig ist. Darin sind wir ziemlich gut. Oder haben Sie schon einmal einen CEO erlebt, der nach einem grandiosen Jahr in der Pressekonferenz gesagt hat: „Offen gestanden, ich weiß auch nicht, wie das passieren konnte. Wir hatten halt einfach Glück." Was, nebenbei bemerkt, in nicht wenigen Fällen tatsächlich die Ursache eines besonderen Jahres war. Der Fotograf Franz Christian Gundlach hat einmal in einem Zeit-Interview auf die Frage, „Was ist Ihr Rat, um Erfolg zu haben?", treffend erzählt: „Drei Sachen sind wichtig, wenn man Karriere machen will. Das Erste: Man braucht ein bestimmtes Kapital, Talent oder Begabung. Zweitens: Disziplin und Fleiß. Das Dritte ist Fortune." Man kann nicht alles berechnen oder planen. Wir haben die Dinge letztlich nicht in der Hand. Daher ist Demut im Erfolg hilfreich. Wir werden das später noch vertiefen. Und im Misserfolg ist es nützlich, bilanziert auf das Geschehen zu schauen. Die Ursachen zunächst bei sich selbst und nicht den Umständen zu suchen. Andererseits ist es klug, das Gute im Schlechten zu erkennen. Der ehemalige Bundestrainer der Eishockeynationalmannschaft Uwe Krupp beschreibt das sehr schön: „Ich bin Realist. Wenn wir gewinnen, ist nicht alles gut, und wenn wir verlieren, war nicht alles schlecht."

Rechenschaftsverantwortung wird also speziell in Situationen deutlich, in denen die falschen Entscheidungen getroffen wurden. In dieser Situation mit Konsequenzen für sein Tun einzustehen, fällt vielen schwer. Die Übernahme von Verantwortung wird uns bereits in frühester Jugend nicht leicht gemacht. Wenn etwas schief gelaufen ist und wir können unseren eigenen Anteil erfolgreich leugnen, dann lernen wir, Verantwortung eher zu delegieren – an andere oder die Umstände. Diese Muster als Führungskraft aufzubrechen ist nicht immer leicht. Führung kann hier entweder falsche oder geeignete Signale senden. Nehmen Führungskräfte die Rolle des Unfehlbaren ein und suchen Schuldige unter ihren Mitarbeitern, dann haben irgendwann auch die letzten Gutwilligen verstanden, wie viel Loyalität sie dem Unternehmen tatsächlich schulden. Positiv gewendet fördern Sie Verantwortungsübernahme, wenn Ihre Mitarbeiter das Gefühl haben, dass Sie sich im Zweifel vor sie und nicht hinter sie stellen. Wir erleben andere als unterstützend, wenn sie sich, sofern der Wind kräftig von vorne bläst, schützend vor uns stellen. Wir empfinden den Schutz als inspirierend, wenn diese Sicherheit die Führung etwas kostet. Das gesendete Signal lautet: Wir sind der Führung wichtig.

Als es in der Folge des Champions League Sieges 2019 in Liverpool nicht besonders gut lief, hat Jürgen Klopp als Trainer das gemacht, was er bereits in Mainz erfolgreich praktiziert hatte. Er hat die Verantwortung dafür übernommen. Ohne Wenn und Aber. Er stellte sich vor die Mannschaft. Das Kicker Magazin analysiert dieses Vorgehen deutlich: „Das Band, das er jetzt in der Not zwischen sich und dem Team strafft, ist die Basis für die guten Zeiten, in denen „the boys", wie er sie nennt, für ihn durchs Feuer gehen." Wenn es ein Erfolg war, dann war es das Team und wenn die Ziele nicht erreicht werden, dann war es die Führung. So simpel. Diese Haltung muss Ihnen nicht gefallen. Aber fragen Sie sich, ob es für Sie inspirierend wäre, wenn nach Niederlagen das Schwarze-Peter-Spiel gespielt wird, wie wir es nicht allzu selten in Unternehmen erleben dürfen.

Wie sieht ein solcher Schutz, der die Eigenverantwortung stärkt, konkret aus? Heutzutage würden wir Aristoteles wahrscheinlich als einen der ersten Systemiker einordnen. „Das Ganze ist mehr als die Summe der Teile" (verkürzt aus Metaphysik VII, 1041b). Das war wohl auch der Grund, warum Abeer Dubey, ein Manager im Bereich People Analytics bei Google, seine Initiative „Project Aristotle" nannte. Ziel war es nämlich, Erfolgsfaktoren zu identifizieren, warum einige der Google-Teams Top-Leistungen erbrachten und andere sich damit schwer taten. Um diese Studie präzise aufzusetzen, hat man im Vorfeld einige Hypothesen aufgestellt und sich dann das Datenmaterial von 180 Google Teams angeschaut. Zur Überraschung der Beteiligten mussten viele Hypothesen verworfen werden. Beispielsweise zeigte sich bei einer diversen Zusammensetzung des Teams eine leichte, aber keine signifikante Korrelation mit effektiver Teamarbeit (Team Effectiveness, Team Performance).

Erst als man ein Konzept von Amy Edmondson, eine Professorin für Führung der Harvard Business School, mit den gesammelten Daten in Verbindung gebracht hat, wurde deutlich, was der relevante Erfolgsfaktor, zumindest bei Google, für effektive Teamarbeit ist. Der Umgang der Teammitglieder untereinander war entscheidend. Der Beitrag, den Edmondson beisteuerte, waren ihre Studien zum Thema Psychologische Sicherheit. Dieses Konstrukt ist dadurch gekennzeichnet, dass sich die einzelnen Teammitglieder aufgehoben fühlen und sich frei äußern können, ohne Sanktionen befürchten zu müssen. Falls Sie Interesse an den weiteren Platzierungen haben, hier ist die Quelle: *https://rework.withgoogle.com/print/guides/5721312655835136/.*

Psychologische Sicherheit schafft also ein Klima, in dem sich die Mitarbeiter nicht permanent kritisch beäugen und in dem sie nicht in einem Wettbewerb zueinander stehen. Es herrscht bereits genügend Wettbewerbsenergie in Unternehmen, da braucht es keine zusätzlichen Impulse von Ihrer Seite. Wenn Sie Menschen in die Verantwortung bringen wollen, stellen Sie nicht einzelne ins Schaufenster, sondern das Team. Verzichten Sie auf Vergleiche und Rennlisten oder darauf, Aufgaben gleichzeitig an mehrere Mitarbeiter zu vergeben und dann genüsslich zuzuschauen, wer als Erster einläuft, wie das ein uns bekannter CEO gern praktiziert hat. Um nicht missverstanden zu werden, wir wollen Wettbewerb auf keinen Fall ausklammern. Wettbewerb ist ein hocheffizienter Mechanismus für Fortschritt. Uns geht es darum, auf welchem Spielfeld Wettbewerb dienlich ist und wo nicht. Im Hinblick auf die Notwendigkeit, dass Ihre Mitarbeiter aus freien Stücken Verantwortung übernehmen, möchten wir Sie auffordern, nach innen eine unterstützende Kooperation und nach außen einen spielerischen Wettbewerb zu befördern. Kurz: Unterbinden Sie alles, was die Kooperation untergräbt.

Das ist die Herausforderung, vor der Sie als Führungskraft immer stehen. Es gibt nicht den einen richtigen oder falschen Weg. Es geht vielmehr darum, jeden einzelnen Tag divergierende Ansprüche neu auszutarieren und genau im Blick zu behalten, welcher Preis für die getroffene Entscheidung, aus Sicht des Unternehmens, angemessen oder nicht angemessen ist. Das ist Ihre permanente Vermittlungsaufgabe. Wo öffnen Sie Räume als Startpunkt für Vertrauen und wo begrenzen Sie Freiräume wieder, um sicherzustellen, dass alle ihre Verantwortung wahrnehmen? Leben im Dilemma oder Führungskräfte als Integrationskünstler. Hier einige der Dilemmata, die unter einen Hut gebracht werden müssen:

1. Die Frage nach der Passung zwischen den Stärken der Mitarbeiter einerseits und den Rollendefinitionen des Unternehmens andererseits. Je größer und komplexer eine Organisation, desto höher die Anforderungen an Strukturen und Prozesse. Verbindlichkeit für Aufgaben und Verantwortungsbereiche muss auch unabhängig vom individuellen Mitarbeiter funktionieren – das Resultat nennt man gemeinhin Stellenbeschreibung. Und schon nimmt die Sache ihren Lauf. Die Bedarfsmeldung geht an die Personalabteilung, die sich dann um Kandidaten bemüht, die möglichst gut zur Stelle passen. Natürlich wird es nur äußerst selten den „perfect match" geben. Ist die Stellenlogik zu starr, so verwenden im Ergebnis viele Unternehmen mehr Zeit darauf, die Defizite ihrer Mitarbeiter zu kurieren, statt deren Stärken zu fördern. „Die Zeit, die du mit den Schlechtleistern verbringst, fehlt dir für die Guten." So bringt es Marion Horn unverblümt auf den Punkt. Andere Gesprächspartner berichten von den Mühen, besonders begabte Mitarbeiter trotz des Systems in Positionen zu bringen, in denen sie ihre Stärken ausspielen können. Denn wie tradiert und etabliert eine Organisation auch ist: Sie ist in aller Regel leichter zu verändern, als Menschen mit ihren charakteristischen Eigenschaften zu verändern sind. Das ist eben die Definition des Dilemmas: es gibt keine eindeutige Lösung. Eine Organisation muss institutionalisiert sein, sonst herrscht bald Chaos. Und andererseits: Um wieviel leistungsfähiger wäre so manches Unternehmen, wenn es mehr Raum für die Stärken seiner Talente schaffen würde? Es gelänge, sie in die bestmögliche Verantwor-

tung zu bringen? Es wird Zeit, die Debatte um Diversität in diese Richtung zu erweitern: Wie schafft es eine Organisation, die Vielzahl der einzigartigen Erfahrungen, Stärken und Perspektiven seiner Mitarbeiterinnen und Mitarbeiter so ins Spiel zu bringen, dass auf diese Weise die besten Lösungen entstehen? Paul Achleitner weist darauf hin, dass auch der mitbestimmte Aufsichtsrat nach deutschem Aktiengesetz unter dem Aspekt der Diversität eine besondere Beachtung verdient.

2. Auch die Balance zwischen individueller Höchstleistung einerseits und der Teamleistung andererseits ist nicht immer leicht zu finden. Wir kennen das aus dem Fußball: Teure Stars einzukaufen ist gut für die Einschaltquote, reicht aber nicht, um die Meisterschaft zu gewinnen. Allerdings gilt ebenso, ohne herausragende Talente keine herausragenden Leistungen. Dazu bedarf es einer entscheidenden Voraussetzung: Der Wettbewerb wird nicht untereinander ausgefochten, sondern das Motto lautet wir gemeinsam gegen den Gegner. Auch in der Wirtschaft setzen manche mehr auf individuelle Top-Performance, andere auf Teamleistung. Das drückt sich in der Unternehmenskultur (die bereits erwähnten Rennlisten im Vertrieb) und vor allem in den Vergütungssystemen aus. Besonders gut lässt sich dies im Bereich der sogenannten Professional Services Branche illustrieren, zu der beispielsweise Unternehmensberatungen, Anwaltskanzleien und Wirtschaftsprüfungsgesellschaften zählen. Ein anzutreffendes Vergütungsmodell wird neudeutsch als „eat what you kill“ bezeichnet. In diesem Modell erhält jeder das, was er zum Erfolg der Firma beiträgt. Um am Jahresende möglichst viele Punkte auf dem eigenen Konto zu verbuchen, braucht es stabile Ellenbo-

gen. Das andere Extrem ist das „lock step" Modell, in dem die Vergütung ausschließlich auf Seniorität beruht, alle Mitarbeiter eines Levels erhalten exakt dieselbe Vergütung. Die Kritiker des ersten Modells fürchten eine egogetriebene Wildwest-Kultur, die des zweiten die Rückkehr des Kommunismus. Willkommen im nächsten Dilemma. Die vermeintliche Lösung klingt einfach: Das Team ist der Star. Damit beginnt die harte Arbeit: Wie schafft man es, dass alle mitziehen? Demselben Ziel folgen? Sich mit Respekt für die individuellen Stärken und Schwächen begegnen? Hans-Lothar Domröse betont, dass Vertrauen und Verantwortung zwei Seiten derselben Medaille sind. Marion Horn unterstreicht nachdrücklich, wie wichtig die Zusammensetzung eines Teams ist: „Man braucht die bejahenden, unterstützenden, aber auch die, die hinterfragen, kritisieren, und dann die pragmatischen.... Die Mischung machts." Wir erkennen eine weitere wichtige Facette der Diversitätsdebatte.

3. Die Frage nach der richtigen Mischung aus hierarchischem Aufstieg einerseits und Expertentum andererseits. Stark nach dem Leistungsprinzip aufgebaute Unternehmen – eines der prominentesten Beispiele ist GE unter dem legendären Jack Welch – folgen oft der „up or out" Regel. Bei GE trennte man sich dementsprechend jährlich von den „schlechtesten 10%". Aber gut oder schlecht bezogen auf was eigentlich? Klar, wenn ich als Stürmer eingestellt bin und nie das Tor treffe, kann man das recht verlässlich messen und sanktionieren. Aber die meisten Organisationen sind komplexer. Viele unserer Gesprächspartner wiesen darauf hin, dass jede Organisation auch Menschen braucht, „die einfach nur ihren Job gut machen". Das bringt Stabilität und Verlässlichkeit. Beim Aufstieg

auf der Hierarchie-Leiter ziehen andere dann vorbei – aber muss das ein Drama sein? Es gibt auch die „soliden Experten", die jedes Unternehmen braucht. Diejenigen, die vielleicht gar kein Interesse an Führungsaufgaben haben, aber sich dafür in einer speziellen Materie, einer Nische, so gut auskennen, dass sie einen hohen Wertbeitrag liefern können. Wie im philharmonischen Orchester: Der erste Geiger ist nicht zufällig in der Hierarchie immer ein Geiger. Aber wenn an dieser einen Stelle der Triangel-Experte seinen Einsatz verpasst, ist das wirklich schade für die Symphonie. Dilemma Nummer 3 also: Wie erhalte ich die Leistungsorientierung der Organisation und schaffe dennoch Raum und Akzeptanz für Spezialisten?

Nicht wenigen Führungskräften fällt es gerade im Hinblick auf die beschriebenen Dilemmata schwer, die Verantwortung als berechtigten Anspruch klar und nachdrücklich einzufordern. Damit ist offensichtlich nicht gemeint, bei Schwierigkeiten in der Leistungserbringung oder wenn jemand mal einen schlechten Tag hat, Mitarbeiter sofort zu entlassen. Aber wer die Freiheit gewählt hat, der hat auch gewählt, seiner Verpflichtung zur Leistung nachzukommen. Dazu sind drei Voraussetzungen notwendig: wollen, können und dürfen. Werfen wir einen Blick auf den ersten Teil, die Leistungsbereitschaft, dann weiß jede erfahrene Führungskraft, dass sie hier schnell an Grenzen stößt. Heinz von Foerster verdanken wir die Unterscheidung zwischen trivialen und nicht-trivialen Maschinen. Triviale Maschinen mögen kompliziert sein, aber sie sind bezogen auf Input vs. Output verlässlich und berechenbar. Nicht-triviale Maschi-

„Wer die Freiheit gewählt hat, der hat auch die Verpflichtung zur Leistung gewählt."

nen lassen keine präzisen voraussagbaren Outputs zu. Selbst wenn Sie Ihre Mitarbeiter als triviale Maschinen betrachten, bleiben Menschen nicht-triviale Maschinen. Sie sind beeinflussbar, aber nicht ausrechenbar.

Von daher haben Sie keinen direkten Zugang zur Leistungsbereitschaft Ihrer Mitarbeiter. Allerdings sind wir nicht ohnmächtig. Wir haben im Teil Vertrauen ausgeführt, dass es unzählige Möglichkeiten gibt, die Leistungsbereitschaft zu untergraben. Das zu unterlassen und auf Micromanagement zu verzichten, kann schon inspirierend sein. Gerade wenn es ein expliziter Akt hin zur Freiheit ist. Was die Leistungsfähigkeit angeht, ist das aus unserer Sicht ein gemeinsamer Entwicklungsprozess. Sowohl die Mitarbeiter als auch die Führung können vieles zusammen unternehmen, um voneinander und miteinander zu lernen. Wir werden Ihnen dazu im Teil Wachstum einige Impulse anbieten.

Die Leistungsmöglichkeit schlussendlich liegt in Ihrer Verantwortung. Sie setzen wesentliche Rahmenbedingungen, bestimmen die Spielregeln für die Zusammenarbeit und setzen kulturelle Standards durch die Art, wie Sie führen. Die Gestaltung der Rahmenbedingungen hat sich in den letzten Jahren dramatisch verändert. Wie wir arbeiten, unterliegt nicht nur technischen Entwicklungen oder gesellschaftlichen Trends, sondern wir sind genauso von den Vorstellungen der Mitarbeiter beeinflusst. Wir haben bestenfalls eine Ahnung von der neuen Normalität, sind aber noch weit entfernt von einer scheinbaren Gewissheit, wie wir sie in der Vor-Pandemie-Zeit hatten. Was offensichtlich ist: ein Zurück in ein enges Korsett von Vorgaben wird es nicht geben. Was, bezogen auf die Ausführung der Arbeit, wichtig ist und was nicht, unterliegt der Verabredung im Team. Deswegen lohnt es sich, eine Kultur des Austausches darüber zu etablieren.

Davon können alle profitieren. Florian Nottorf bringt die Veränderungen mit einem Beispiel aus der Sicht der Führung praktisch auf den Punkt (falls Ihnen das zu radikal ist, setzen Sie einfach vor „egal“ das Wort „zunehmend“).

Dinge, die mir egal sind:	**Dinge, die mir wichtig sind:**
Wie lange Du Pause machst	Life-Balance
Wann Dein Arbeitstag anfängt	Arbeitsumfeld
Wo Du die Arbeit machst	Arbeitsergebnisse
Wann Du die Arbeit machst	Deadlines Zufriedenheit Absprachen

Man kann es auch umdrehen: Arbeitsergebnisse sind nicht egal. Daher ist es Führungsaufgabe, die Voraussetzungen der Leistungsmöglichkeit zu schaffen. Das beginnt mit klarer Kommunikation der wechselseitigen Erwartungen. Und bereits an dieser Stelle werden die Probleme beim Thema Führung auf Distanz sichtbar. Laut einer im September 2022 veröffentlichten Studie des Marktforschungsinstitutes Gallup wissen nur vier von zehn jungen Angestellten im Homeoffice genau, was von ihnen erwartet wird. Inspirierende Führung und Klarheit schließen sich nicht aus. Das Gegenteil ist richtig.

Zu diesen Rahmenbedingungen gehört selbstverständlich auch, wer an welcher Entscheidung wie stark beteiligt ist. Verantwortungsdiffusion entsteht regelmäßig dann, wenn die wechselseitigen Erwartungen unausgesprochen sind. Alle sind für alles und keiner so richtig für irgendetwas verantwortlich. So „verwandelt sich gemeinsame Accountability oft in keine Accountability, weil am Ende doch nicht klar ist, wer schlussendlich für Entscheidungen einsteht“, wie Anne-Sophie Dörr schreibt. Wir empfehlen in diesem Fall einen spielerischen Ansatz. Wenn Sie deutlich mehr Klarheit haben möchten, spielen Sie doch einfach „Delegation Poker". Das ist ein smarter Ansatz von Jurgen Appelo, um Verantwortlichkeiten und Entscheidungsfreiräume im Team auf eine leichte Art zu klären. Sie finden im Internet zahlreiche Anleitungen und auch fertige Spielsets.

Haben Sie für Klarheit der Erwartungen gesorgt, haben Sie die Spielräume geöffnet, stellen Sie sich schützend vor Ihr Team, haben Sie psychologische Sicherheit im Team befördert, dann wird es im Sinne der Fairness Zeit, die Ernte einzufahren. Jetzt sind Ihre Mitarbeiter dran. Wenn es jetzt, obwohl Leistungsfähigkeit und Leistungsmöglichkeit gegeben ist, an der Leistungsbereitschaft fehlt, dann werden Sie um Konsequenzen nicht herum kommen. Alles, was im Unternehmen keine Konsequenzen hat, bleibt beliebig. Kamalini Ramdas, die an der London Business School am Fachbereich Management Science and Operations lehrt, erzählt in einem Interview, dass sie über 60 Autofabriken mehrerer Hersteller besucht und mit den Führungskräften vor Ort über Performance gesprochen hat. Eine der Empfehlungen, die sie von den erfahrenen Führungskräften gehört hat, war folgende: „Man müsse auch wissen, wenn man mal laut werden muss." Nur zurückhaltend, defensiv und vorsichtig die Mitarbeiter zu fragen, ob sie unter Umständen bereit wären, eine bestimmte Aufgabe zu übernehmen, ist nicht inspirierend, sondern indolent. Um konkret zu bleiben, es geht nicht um Lautstärke der Lautstärke wegen oder um einen therapeutischen Befreiungsschlag als Triebabfuhr. Es geht um nichts geringeres als Verbindlichkeit, oder, falls Ihnen der Begriff mehr zusagt: Commitment.

Lassen Sie uns unter Commitment eine beiderseitige, verpflichtende Vereinbarung verstehen. Es handelt sich um eine freiwillige Wahl. Beide Seiten haben ja gesagt. Gilt. Dann gilt genauso, dass nicht nebeneinander oder miteinander gearbeitet, sondern füreinander zusammengearbeitet wird. Do ut des, Leistung und Gegenleistung gehören untrennbar zusammen. Noch einmal Jürgen Klopp, der in einem Interview für die Deutsche Bahn diese Austauschbeziehung sinngemäß wie folgt beschrieben hat: „Wenn ich einen neuen Spieler verpflichte, dann gebe ich ihm ein Versprechen. Ich werde ihn fördern, wie ihn noch nie jemand gefördert hat. Gleichzeitig erwarte ich aber auch, dass er sich anstrengt, wie er sich noch nie angestrengt hat." Genauso wie Freiheit und Verantwortung zusammengehören, gehören auch Vertrauen und Accountability zusammen. Beide sind, wenn jemand inspirierend auf uns wirkt, gut ausbalanciert.

Folgende Anregungen können helfen, sich dem Thema Verantwortung zu nähern:

Weite Regeln statt enge Grenzen

Im Teil Vertrauen haben wir bereits über unsere kritische Sicht auf ARD gesprochen. Damit jeder seinen Teil zum Ganzen beiträgt, wird es ab einer bestimmten Unternehmensgröße nicht ohne Regeln gehen. Es ist ein Irrtum, davon auszugehen, dass Selbstorganisation gleichzusetzen ist mit regelfreien Räumen. Selbst das Paradebeispiel für Selbstorganisation, der sehr erfolgreiche niederländische Pflegedienst Buurtzorg mit seinem Motto „Menschlichkeit vor Bürokratie", hat einen Bodensatz von Regeln, die für alle Pflegeteams gelten. Schließlich geht es um nichts Geringeres als die Gesundheit der Patienten. Aber es wird bei Buurtzorg gemeinsam danach gefahndet, wie man Dinge einfacher machen kann. Eine Sisyphusarbeit. Hilfreich ist ein Onlinetool, welches Google nutzt und als Bureaucracy Busters bekannt geworden ist. Hier können Mitarbeiter bürokratische Ärgernisse und mögliche Lösungen einstellen. Vergessen Sie nie den entscheidenden Nachteil von Regeln: sie entantworten. Ich muss nicht mehr denken, ich muss mich nur noch an die Regeln halten. Wir kennen nicht wenige Organisationen, in denen Mitarbeiter abends mit dem guten Gefühl nach Hause gehen, heute nichts falsch gemacht zu haben. Gegen keine Regeln verstoßen zu haben. Sie haben das Unternehmen keinen Millimeter nach vorne gebracht, aber sie sind ihrer Rechenschaftspflicht erfolgreich nachgekommen.

Wir empfehlen Ihnen, sich mit Ihrem Team das Netflix Culture Deck anzuschauen. Sie finden es bei Slideshare. Netflix und sein Gründer legen großen Wert darauf, keine überflüssigen Regeln entstehen zu lassen. Sie fragen nach der Netflix Vacation Policy and Tracking? Die Antwort lautet: „there is no policy or tracking". Aber am besten gefällt uns die Reisekostenrichtlinie von Netflix. Sie besteht aus exakt fünf Worten: „Act in Netflix's Best Interests". Herrlich. Ja, aber was heißt das? Eben. Das ist im Einzelfall zu entscheiden. Mitdenken ist also notwendig. Es könnte spannend sein, mit Ihren Mitarbeitern wenigstens die Regeln für Ihren Bereich in dieser Hinsicht auf den Prüfstand zu stellen.

Bedingungen überprüfen, bevor man Menschen etwas zumutet

Führung findet nicht im luftleeren Raum statt. Jede Führungskraft ist von der Organisation umstellt. Zentral werden Strukturen, Prozesse, Instrumente vorgegeben, damit der Laden wenigstens halbwegs steuerbar bleibt. Das System fordert Anpassung an diese Rahmenbedingungen. Sie bestimmen das Handeln aller Beteiligten. Bedenken Sie daher, dass Verantwortungsübernahme, die Sie gern sehen würden, nicht immer am Unwillen der beteiligten Menschen, sondern oft an Prozessen und Strukturen scheitert. Deshalb ist es praktischer, an den Bedingungen, unter denen gearbeitet wird, etwas zu ändern, bevor man an das Individuum appelliert, sich doch gefälligst anders zu verhalten. Warum sollte beispielsweise ein Mitarbeiter mit anderen kooperieren, wenn sein Erfolg an einem Ziel gemessen wird, das er nur ganz allein erreichen kann? Auch wenn manches Verhalten von Mitarbeitern aus der Sicht vieler Führungskräfte abwegig zu sein scheint, kein Mitarbeiter verhält sich vorsätzlich vernunftwidrig. Aus Sicht der Mitarbeiter ist ihr Handeln vernünftig, sonst würden sie sich nicht so verhalten. Was vernünftig ist, das entscheiden die installierten organisatorischen Bedingungen. Daher sollten diese Bedingungen immer wieder auf den Prüfstand, wenn es darum geht, Eigenverantwortung zu stärken.

Bei aller Zurückhaltung, die uns bei diesem Aspekt geboten zu sein scheint, möchten wir Sie trotzdem ermutigen, von Zeit zu Zeit die Organisation Ihres Unternehmens nicht als gegeben hinzunehmen. Dazu sind die Auswirkungen zu erfolgskritisch. Wagen Sie einen Mutausbruch: Laden Sie Kolleginnen und Kolle-

gen der gleichen Hierarchiestufe ein und arbeiten Sie gemeinsam am System, nicht nur im System. Machen Sie sich klar, dass es für Ihre Mitarbeiter irrelevant ist, ob die Anweisung von Ihnen oder der Zentrale kommt. Sie werden verantwortlich gemacht, daher gestalten Sie diesen Rahmen mit einer Koalition der Willigen nach Kräften mit.

Gute Fragen stellen, statt schlechte Anweisungen zu geben

Anweisungen, die Sie geben, Maßstäbe, die Sie verordnen, Details, die Sie bestimmen, tragen häufig dazu bei, dass Ihre Leute eigenes Denken einstellen und im besten Fall versuchen, es Ihnen recht zu machen. Lassen Sie sie selbst entscheiden, wie sie etwas anpacken. Sie können sich darauf spezialisieren, sie zu ermutigen und vor allem gute Fragen zu stellen, sodass sie selbstverantwortlich über ihr Vorgehen nachzudenken beginnen und vielleicht auf Ideen kommen, auf die sie ohne Impuls nicht gekommen wären. Stellen Sie ruhig Gegenfragen, anstatt auf eine Frage direkt eine Antwort parat zu haben. Finden Sie erst heraus, was genau von Ihnen benötigt wird. Fordern Sie Ihre Mitarbeiter auf, sich erst eigene Gedanken darüber zu machen. Und wenn Sie doch antworten: Begründen Sie Ihre Antwort nachvollziehbar und zeigen Sie den Vorschlägen Ihren Mitarbeitern gegenüber Wertschätzung. Manchmal ist es sogar klug, sich selbst Fragen zu stellen. Bevor Sie anklagen, müssen Sie sich fragen, welche Gründe es geben könnte, aus denen andere sich verhalten, wie sie sich verhalten. Oder sie fragen direkt.

Widerstehen Sie der Versuchung, alles in die Bahnen zu lenken, die Sie bevorzugen würden. Stellen Sie Fragen, mit denen die anderen angeregt werden, verschiedene Aspekte eines Themas zu durchdenken. Nicht mehr und nicht weniger. Der nützliche Nebeneffekt: Sie lernen wahrscheinlich auch noch eine Menge. Über sich und über die anderen.

7

Emotionen

Sie nehmen Gefühle wahr
und zeigen Gefühle

Sharing emotions builds relationships.
Sheryl Sandberg

Viele von uns möchten gern glauben, dass wir denkende, rational agierende Führungskräfte sind, die zwar von Zeit zu Zeit mit eigenen oder fremden Emotionen konfrontiert werden, aber nach solchen emotionalen Exkursen schnell wieder auf die Sachebene zurückfinden. Da, so hoffen wir zumindest, herrscht Sicherheit und Eindeutigkeit. Unternehmerischer Erfolg kann berechnet werden und unterwirft sich der Logik unserer Analysen. Und vernünftige Entscheidungen sind gute Entscheidungen. Weit gefehlt. Diese Vorstellung, dass wir es bei uns selbst und bei anderen mit ausschließlich vernünftig denkenden Menschen im Sinne eines Homo Oeconomicus zu tun haben, ist mittlerweile zureichend widerlegt.

Wahrscheinlich wird Ihnen der Name Werner Güth nichts sagen. Er war Professor für Ökonomie an der Universität Köln. Seine Lebensleistung liegt in einem kleinen Spiel, das er 1978 entwickelt hat. Dieses Spiel stellte eine wesentliche Grundlage der Wirtschaftswissenschaften auf den Kopf. Möglicherweise kennen Sie dieses Spiel als Ultimatum-Spiel. Es macht deutlich, dass wir nicht einseitige Nutzenoptimierer sind. Das Spielprinzip ist leicht verständlich. Nehmen wir an, ich bekomme von einer fremden Person 100 Euro. Allerdings mit der Auflage, dass ich das Geld nur behalten darf, wenn ich es mit Ihnen teile und Sie zusätzlich dem Deal zustimmen müssen. Tun Sie dies nicht, ist das Geld für uns beide futsch. Wenn Sie sich rational verhielten, dann wären Sie mit jedem Angebot einverstanden, denn sie wären hinterher im Plus. Ich könnte Ihnen 1 Euro anbieten und 99 Euro blieben bei mir. Eigentlich müssten Sie ja sagen. Das tun wir aber nicht. Experimente zeigen, dass die meisten Menschen Angebote wie diese erst bei einem Verhältnis von 60:40 akzeptieren. Ansonsten nehmen sie in Kauf, ohne Gewinn dazustehen, dafür aber das gute Gefühl zu genießen, dass der andere das Geld eben auch wieder rausrücken muss. Wir spüren, dass neben rationalen Überlegungen häufig weitere Faktoren im Spiel sind, beispielsweise ein Gefühl für Unfairness.

Tappen Sie jetzt bitte nicht in die Falle, das geschilderte Experiment als rein spieltheoretische Laborsituation abzutun. Wir alle wissen um reichlich Emotionen in Unternehmen. Erinnern Sie sich einfach an den letzten anspruchsvollen, schmerzhaften Veränderungsprozess in Ihrem Unternehmen. Vermutlich hatten Sie es mit einem ganzen Cocktail von Emotionen zu tun: Euphorie, Freude, Begeisterung, Aufbruchstimmung, Leidenschaft, aber auch Enttäuschung, Ärger, Zweifel, Wut oder sogar Angst. In der BCG-Studie zum Thema Business Transformation „Why leaders can't let up in Transformations" (2023), wird das in einem Zitat sehr deutlich: „Einige Führungskräfte wussten nicht, wie sie erklären sollten, wohin sich das Unternehmen bewegt. Sie duckten sich weg und widmeten ihre Energie den dringendsten Prioritäten. Wir haben unsere Kommunikation erheblich verändert. In der Vergangenheit ging es um Fakten, Ergebnisse und Orientierung. Jetzt geht es vielmehr um Prozesse, Gefühle und unsere eigenen Kämpfe." Bei Kekst CNC haben wir ein Beratungsmodul entwickelt, das wir „Communications in times of uncertainty" nennen. Wie erhalte ich die Nähe und Motivation der Mitarbeiter, auch wenn die Fakten noch unklar sind? Stellt man nämlich die Kommunikation so lange ein, bis die Faktenlage klar ist, ist es meist zu spät, das Team dann noch mitzureißen.

Um den Einfluss von Befindlichkeiten zu verdeutlichen, stellen Sie sich ein beliebiges Meeting vor, in dem eine Entscheidung getroffen werden muss. Ein Kollege von Ihnen, nennen wir ihn A, hat aus seiner Sicht eine famose Idee. Dementsprechend stellt er sie dem gesamten Team in glühenden Farben vor. Daraufhin meldet sich Kollegin B zu Wort. Sie ist ausgewiesene Expertin, kennt sich aus und beginnt, mit kritischen Fragen die Position von A zu prüfen. Die Chefin C hört sich alles entspannt an, gibt aber noch kein Signal von sich. Nach einem längeren hin und her zwischen A und B wird deutlich, dass das Konzept von A noch nicht ganz rund ist. Das nimmt D zum Anlass, um zum Angriff zu blasen. Er hat noch nicht verwunden, dass A ihm vor geraumer Zeit einen Mitarbeiter abgeworben hat. Deswegen ist in seinen Augen alles, was von A kommt, sowieso kritisch zu betrachten. Also feuert er jetzt aus allen Rohren dagegen.

„Stellt man die Kommunikation solange ein, bis die Faktenlage klar ist, ist es meist zu spät, das Team dann noch mitzureißen."

A schaut Sie hilfesuchend an. Sie sind mit A gut befreundet, echte Buddies. Sie sind ebenfalls nicht hundertprozentig vom Konzept überzeugt, aber seinem besten Kumpel zieht man nun mal nicht den Boden unter den Füßen weg. Sie sagen daher – gar nichts. E hat normalerweise keine eigene Meinung, aber immer die Meinung der Chefin. Deswegen beobachtet er sie ganz genau. Im Laufe der weiteren Diskussion meint E zu bemerken, dass Chefin C zustimmend nickt, wenn B spricht und kritisch die Stirn runzelt, wenn A ansetzt, um etwas zu sagen. Das nimmt E zum Anlass, jetzt auch gegen A Stellung zu beziehen, damit er auf der richtigen Seite steht. F hat von allem, was besprochen wird, absolut keinen blassen Schimmer und beschäftigt sich folgerichtig mit seinem Mobiltelefon. Nach einer ganzen Weile sagt nun A auf Grund des Widerstands: „Ich sehe schon, die Idee passt einigen nicht – dann lassen wir es wohl besser bleiben." Und alle gehen weiter zum nächsten Tagesordnungspunkt.

Die interessante Frage lautet: Was sagt der beschriebene Prozess über die Qualität der letztlich getroffenen Entscheidung aus? Genau. Herzlich wenig. Es kann eine gute Entscheidung gewesen sein oder eine schlechte. Aber die Art und Weise, wie man zu dieser Entscheidung kam, hat mit der Qualität der Entscheidung fast nichts zu tun. Herausgekommen ist das, was gerade so möglich war. Unser lieber Kollege Michael Heidemann erzählt diese Geschichte gern, um zu verdeutlichen, dass es selten nur rationale Überlegungen sind, die eine Entscheidung stützen. Es ist häufig das, was politisch machbar war. Ein Coachee sagte mir einmal: „Wenn ich höre, dass es eine politische Entscheidung war, dann weiß ich, wir haben uns nicht für das entschieden, was sachlich richtig gewesen wäre."

Wir sind, bei aller Unterschiedlichkeit der Temperamente, hochgradig emotionale Wesen, die zuweilen auch rational unterwegs sind. Damit ist nicht gesagt, dass unser Denken und Handeln irrational ist, aber es entspricht nicht immer einer glasklaren betriebswirtschaftlichen Rationalität. Das muss übrigens keine schlechte Nachricht sein. Niemand will dauerhaft von Mr. Spock geführt werden. Sich hin und wieder auf Zahlen, Daten, Fakten zu fokussieren ist ökonomisch nicht unbedingt schädlich, verkennt aber völlig, dass erst unsere Emotionen wirklich gute Entscheidungen ermöglichen. Insoweit könnte man den berühmten Satz des französischen Philosophen René Descartes, den wir alle kennen, umformulieren: Ich fühle, also bin ich. Oder sogar: Ich fühle, also entscheide ich gut.

Die Grundlagen für diese Überlegungen legte einer der bedeutendsten angelsächsischen Philosophen des 18. Jahrhunderts: 1738 schrieb David Hume als junger Mann ein Buch mit dem Titel „Traktat über die menschliche Natur". Er kam in diesem Werk zu etwas anderen Schlussfolgerungen als Jahre später Immanuel Kant. Natürlich wusste Hume, dass Menschen irgendwie, irgendwann zur Vernunft grundsätzlich in der Lage sind. Aber er stellte die pragmatische Frage: Wie oft machen wir von unserer Vernunftfähigkeit im täglichen Leben Gebrauch? Wie viele vernünftige Entscheidungen haben Sie heute schon gefällt? Natürlich außer, dass Sie dieses Buch lesen. Haben Sie heute auf der Basis von Nährwertanalysen Ihren Speiseplan optimiert, oder das gegessen, wonach Ihnen der Sinn stand? Haben Sie sich heute Morgen angezogen, weil Sie dachten, es sei vernünftig, oder war das eine ziemlich automatisierte Handlung, eine Gewohnheit, die Sie davor bewahrt hat, von Ihren Mitmenschen ziemlich befremdlich angeschaut zu werden? Hume sagt, normalerweise entscheiden wir nie nur auf der Grundlage von Überlegungen, sondern auf Grundlage von Emotionen. Unsere Gefühle treffen die Entscheidung und unsere Vernunft ist nichts anderes als eine raffinierte Marketingabteilung, die im Nachhinein rechtfertigt, was die Emotionen vorher entschieden haben. Das ist vermutlich der Grund, warum nicht wenige Hirnforscher wie Gerhard Roth oder Wolf Singer große David Hume Fans sind.

Der Mensch ist sein Wille und sein Wille ist wesentlich emotional. Die Erkenntnis, wie sehr die Gefühle unsere Entscheidungen beeinflussen, haben wir Phineas Gage, einem Schienenarbeiter, zu verdanken, dessen Leben sich an einem einzigen Tag radikal veränderte. Wir befinden uns im Jahre 1848, ein heißer Septembertag. An diesem Tag ist Phineas Gage auf dem Weg zur Arbeit. Gage ist Fachmann für Sprengstoff, der tüchtigste und fähigste Mitarbeiter der Rutland and Burlington Railroad Company, wie man ihm später bescheinigen wird. Sein Arbeitstrupp soll für die neue Eisenbahnlinie den Weg durch schweres Gestein sprengen. Er ist der Vorarbeiter. Sein Auftrag besteht darin, ein Loch in den Felsen zu bohren, Schießpulver einzufüllen, alles mit einer Sandschicht zu verfüllen und anschließend mit einer langen Eisenstange festzuklopfen. So auch an jenem Tag, dem 13. September 1848. Die ganze übliche Handlung, das Loch ist ausgehoben. Phineas Gage steht vor dem Loch und ist gerade dabei seine Eisenstange zu greifen, da spricht ihn jemand von hinten an. Gage dreht sich um und wechselt ein paar Worte. Routiniert stößt er dabei zugleich mit der Eisenstange in das Loch. Er sieht nicht, dass die Schicht Sand diesmal noch nicht verfüllt ist. Er lacht, redet und schlägt mit der Eisenstange Funken durch die Reibung am Gestein. In diesem Augenblick explodiert das Schießpulver. Die Eisenstange fährt Gage durch den linken Wangenknochen und das linke Auge, einmal durch den Schädel und fliegt 30 Meter durch die Luft. Die Stange ist etwa so dick wie ein Billardqueue und etwas über einen Meter lang. Gage liegt am Boden. Der Arbeitstrupp steht um ihn herum, starr und gebannt vor Entsetzen. Und dann sehen sie das Unfassbare. Phineas Gage lebt. Er steht wieder auf. Obwohl unablässig Blut aus der Wunde rinnt, ist er in der Lage, seinen Kollegen den Vorfall zu erklären. Sie können sich vorstellen, wie Phineas Gage in diesem Moment ausgesehen hat. Er ist in der Lage, sich auf einen Ochsenkarren zu setzen und wird zwei Meilen in ein Hotel gefahren. Er klettert allein von dem Karren herunter, setzt sich in das Hotel und wartet. Als der Arzt eintrifft, begrüßt er ihn mit den Worten: „Hier gibt es reichlich für Sie zu tun, Herr Doktor."

Der Schädel von Phineas Gage steht heute in der medizinischen Fakultät der ehrwürdigen Harvard University und bereitet der Wissenschaft Kopfzerbrechen. Phineas Gage lebte noch 13 Jahre mit seiner fürchterlichen Kopfverletzung.

Aber was war das für ein Leben. Er flog aus dem Unternehmen, als Vorarbeiter wollte man ihn nicht mehr einsetzen. Er fand zunächst Arbeit als Postkutschenfahrer, wanderte dann aber nach Chile aus. Auch das ging schief, er kam wieder zurück und wurde als lebendes Exponat in Museen ausgestellt, mitsamt seiner Eisenstange. Schließlich landete er in den Trinkerquartieren von San Francisco. Er bekam epileptische Anfälle und starb.

Die entscheidende Frage lautet: Warum ist sein Leben ab diesem Unfall so schief gelaufen? Man wird zuerst einmal festhalten, dass jemand, der so aussieht, ganz anders wirkt als ein smarter Vorarbeiter. Die Reaktion der Umwelt auf einen Menschen hat wiederum Rückwirkungen auf die Persönlichkeit. Man könnte auch sagen, der Mann ist traumatisiert gewesen, was man ihm nach einem solchen Unfall nicht verdenken könnte. Aber es gibt ausführliche Gutachten des Arztes John Harlow, der Phineas Gage damals im Hotel und später Zeit seines Lebens immer wieder untersucht hat. Obwohl seine geistigen Fähigkeiten durch den Unfall in keiner Weise beeinträchtigt wurden, hat er sich radikal verändert. Der Befund, zu dem Harlow kommt, lautet: Dieser Mann hatte jegliche Achtung vor den Spielregeln des sozialen Zusammenlebens verloren. Er log und betrog hemmungslos, neigte zu unkontrollierbaren Wutausbrüchen, er war nicht mehr derselbe, der er vorher war. Ist es möglich, dass eine Verletzung im präfrontalen Cortex einen aufrechten Bürger in einen Mann mit schwerwiegenden Charaktermängeln verwandeln kann?

Die Geschichte von Phineas Gage wurde ausführlich von dem Ehepaar Hanna und António Damásio, die zu den Top 5 Hirnforschern zählen, untersucht. Damásio untersuchte Gages Schädel nach allen Regeln der Kunst und ist der festen Überzeugung, dass ein bestimmtes Hirnareal, die sogenannte ventromediale Region, bei dem Unfall zerstört wurde. Wir wissen, dass diese Region eine Rolle spielt bei der Verarbeitung von Gefühlen und möglicherweise bei der Planung der Zukunft. Wir können uns diese Region als eine Vermittlungsschaltzentrale vorstellen, in der Emotionen abgewogen und Entscheidungen gefällt werden. Das Ehepaar Damásio entfernte bei Ratten die ventromediale Region und siehe da, die Ratten wurden asozial. Das kann man an Ratten gut beobachten, denn Ratten haben ein sehr ausgeklügeltes Sozialverhalten. Wenn nun diese Region geschädigt ist, dann funktioniert das Sozialverhalten nicht mehr.

Unsere Entscheidungen sind folglich immer von unseren Emotionen beeinflusst. Da wir allerdings (bis zu einem gewissen Grad) lernen können, mit diesen Emotionen umzugehen, haben wir tatsächlich so etwas wie einen freien Willen. Damásio fasst seine Überlegungen mit einer klaren Priorität zusammen: „Wir sind keine denkenden Maschinen, die fühlen, sondern fühlende Maschinen, die denken." Solange wir Menschen sind, werden Emotionen in unserem Zusammenleben und in unserer Zusammenarbeit immer eine wesentliche Rolle spielen.

Uns war es wichtig, diese Überlegungen voranzustellen, bevor wir uns die konkreten Implikationen für Inspiration anschauen. In der Vergangenheit wurde Führungskräften empfohlen, Emotionen aus dem betrieblichen Kontext herauszuhalten. Das hat Spuren hinterlassen. Fragen Sie sich in einer ruhigen Minute, wie viel von dem, was Teil Ihres Menschsein ausmacht, Sie im Unternehmen einbringen. Nicht selten begegnen uns in unserer Arbeit Führungspersonen, die Emotionen am liebsten vollständig ausblenden würden, da diese für sie eine Terra incognita darstellen. Sie verstehen sich als Verwalter, die administrative und kontrollierende Aufgaben übernehmen (Tätigkeiten, die eher früher als später von Maschinen übernommen werden). Diese Handwerker des Messens, Zählens und Wiegens machen in Unternehmen Karriere, wobei das entscheidende Wort „trotzdem" ist. Wenn es aber menschelt, ziehen sie sich am liebsten zurück. In ihrem Verständnis sind Emotionen eine amorphe, nicht messbare, nicht beherrschbare Störung im Betriebsablauf und stehen der unternehmerischen Effizienz eher im Weg. Kurz: Emotionen haben in der Führung nichts zu suchen. Von diesem Typus haben wir in Unternehmen genügend.

Woran es nach unserer Einschätzung mangelt, sind andere Qualitäten. Es braucht schöpferische, kreative Menschen, die einen bewussten Zugang zu ihren eigenen und zu fremden Emotionen haben. Es braucht mehr Leidenschaft und Menschlichkeit. Wir sind der festen Überzeugung, dass es mehr Nahbarkeit und Offenheit in Unternehmen braucht, sodass Menschen ihre ganze Persönlichkeit einbringen können und nicht einen Teil morgens an der Rezeption abzugeben haben. Tatsächlich mehr den Menschen hinter der Fassade zu sehen, kann zuweilen sogar inspirierend sein. Wir meinen, dass Emotionen Sie in Ihrer Führungsarbeit unterstützen. Ihre Beziehungen mit Ihren Mitarbeitern sind, sofern es gelungene Beziehungen sind, Ausdruck einer emotionalen Verbundenheit. Führung, die nicht auch die Emotionen von anderen Menschen in geeigneter Weise anspricht, bleibt hinter ihren Möglichkeiten zurück. Wir haben in unserer Praxis selbst erlebt, dass Emotionen bei Top-Führungskräften sehr wirkmächtig sein können. Ein sicher extremes Beispiel war ein CEO, dessen große Stärke es war, sein Innerstes nach außen zu kehren und sehr persönlich zu werden. Das hat eine Vertrauensbasis geschaffen und damit zu einer spürbaren Veränderung in der Stimmung der Belegschaft geführt. In der Umbruchsituation, in der sich sein Unternehmen damals befand, hat er so den entscheidenden Unterschied gemacht.

Das soll nicht als Freibrief für ein Leben im Selbstausdruck missverstanden werden und gilt ganz sicher nicht für alle Empfindungen. Nicht alles, was in unserem emotionalen Werkzeugkasten so rumliegt, ist dafür geeignet, anderen zugemutet zu werden. Wir sollten unsere Umgebung auch nicht mit einer emotionalen Intensität konfrontieren, welche die Beteiligten heillos überfordert. Es geht um einen klugen, wir können auch sagen intelligenten, Umgang mit Emotionen. Daher lassen Sie uns einen Blick auf die wundersame Welt der sozialen bzw. emotionalen Intelligenz werfen.

Sich mit sozialer Intelligenz zu beschäftigen, ist nicht neu. Jeder von uns kennt Menschen, die wir als echten „Brainy" bezeichnen würden. Menschen also, die mit einem hohen Intelligenzquotienten (IQ) gesegnet sind, die aber in Unternehmen mühelos erfolgsfrei bleiben. Daher erklärt der klassische IQ die unterschiedlichen Erfolge von Menschen nicht vollständig. Als Urvater der sozialen Intelligenz gilt der Psychologe Edward Lee Thorndike, der diesen Begriff 1920 erstmals verwendete. Er unterscheidet dabei zum einen die Wahrnehmung sozialer Muster und auf der anderen Seite das daraus abgeleitete Handeln. Sozial intelligent bedeutet nicht nur erkennen, sondern vor allem, diese Erkenntnisse auch entsprechend nutzen zu können. Beides kann für Führungskräfte zu einer echten Herausforderung werden.

Aus seiner Kritik gegenüber klassischen Intelligenztests entwickelte in den 1980er Jahren der amerikanische Erziehungswissenschaftler Howard Gardner die Theorie der multiplen Intelligenzen. Aus seiner Sicht bedingt Problemlösung einen mehrdimensionalen Ansatz. Daher entstanden insgesamt neun verschiedene Intelligenzen. Nummer sieben, die interpersonale Intelligenz (soziale Intelligenz), griff in den 1990er Jahren der amerikanische Psychologe Daniel Goleman auf, der wie Gardner in Harvard lehrte. Er nutzte den von Peter Salovey und John Mayer eingeführten Begriff der emotionalen Intelligenz und entwickelte ein Konzept, welches von der Scientific Community nicht gerade begeistert aufgenommen wurde. Das tat allerdings seinem 1995 veröffentlichten Bestseller „Emotionale Intelligenz" (EQ – Emotional Quality) keinen Abbruch. Er erreichte damit internationale Popularität.

In seinem ursprünglichen Konzept unterscheidet Goleman fünf Faktoren. Es beginnt mit der Selbstwahrnehmung. Hier geht es um das Erkennen und Einordnen von Emotionen. Der zweite Faktor ist die Selbstregulation, also der Einfluss auf die Emotionen, beispielsweise der Umgang mit Stimmungen. Die Theorie der Selbstregulation geht auf Albert Bandura zurück und enthält drei Komponenten. Erstens Selbstbeobachtung, zweitens Selbstbewertung und drittens Selbstreaktion. Erfahrungsgemäß werden auf diese Weise nachhaltigere Ergebnisse erzielt als durch reine Disziplin und Selbstkontrolle.

Der dritte Faktor ist die (Selbst-) Motivation. Wie können mich Emotionen dabei unterstützen, meine Ziele zu erreichen? Sie kennen möglicherweise den berühmten Marshmallow-Test, den Ende der 1960er Jahre Walter Mischel mit vier Jahre alten Kindern durchgeführt hat. Die Fähigkeit zum Belohnungsaufschub korreliert signifikant mit späterem Erfolg als Erwachsene. Als Führungskraft wissen Sie, dass es hilfreich ist, Entscheidungen wenn möglich nicht unbedingt in einer Stresssituation zu treffen. Goleman rechnet die ersten drei Faktoren der persönlichen Kompetenz zu. Auf Führung bezogen, geht es darum, sich selbst zu führen. Die zwei weiteren Faktoren fasst er als soziale Kompetenz zusammen, andere zu führen. Der vierte Faktor ist die Empathie, also die Fähigkeit, fremde Emotionen geeignet wahrzunehmen. Da dieser Faktor wesentlich ist für die Beziehungsgestaltung, werden wir später noch ausführlicher darauf eingehen. Schließlich als fünfter Faktor die sozialen Fähigkeiten. Dabei geht es unter anderem um Einfluss, Kommunikation und Konfliktverhalten.

Prima, werden Sie jetzt sagen, aber was hat das alles mit Inspiration zu tun? Lassen Sie uns praktisch werden. Was Inspiration durch Emotion bedeutet, weiß jeder Fußballfan. Im Stadion auf den Rängen wird eines deutlich: Der Wert von Emotionen liegt im Teilen, im gemeinsamen Genießen – nicht im Haben. Das gilt nicht nur für das Publikum, sondern ebenso für den Trainer in der Kabine. Ein emotional intelligenter Trainer wird seine eigenen Stimmungen innerhalb der Grenzen seiner Persönlichkeit beherrschen, sich bemühen, Emotionen bei anderen zu verstehen und innerhalb bestimmter Grenzen Emotionen mit anderen teilen. Wenn wir Gefühle nicht empfinden und nicht teilen können oder wollen, sind wir als soziale Wesen nicht lebensfähig. Wir binden Menschen nicht durch ausgefeilte Sachlogik oder analytischen Scharfsinn an uns, sondern stärker mit dem Herzen. Andere an unserer Seite zu wissen, die mit uns fühlen und empfinden, ist der unmittelbarste Ausdruck unserer Beziehungsqualität. Das funktioniert nur, wenn wir mit anderen im Kontakt sind.

Das beginnt zunächst mit Zuwendung, die von anderen als aufrichtiges Interesse empfunden wird. Wirkliches Interesse gelingt nur mit unbedingter Aufmerksamkeit. Kein Multitasking, kein gehetzter Blick auf das Mobiltelefon, kein geistiges Abschweifen – ich bin ganz und gar beim anderen.

Geht das immer? Nein. Hilft an dieser Stelle Selbstregulation? Vermutlich eher als zeitlich begrenzte Selbstkontrolle. Die gute Nachricht ist, Sie müssen nicht Ihren kompletten Kalender freiräumen. Interesse ist eine Frage der Qualität – nicht unbedingt der Quantität. Ein kleines 4-Augen-Gespräch auf dem Gang oder der Anruf im Homeoffice und die ernst gemeinte Frage: Sag mal, wie geht es Dir wirklich? Während dieses Buch entsteht, ist die Weihnachtskampagne 2022 der Deutschen Telekom angelaufen. Der Titel lautet „How are You?" Passt aufeinander auf, lautet nach einem weiteren, schwierigen Jahr die übergreifende Botschaft der Kampagne, in der ein Lehrer gezeigt wird, der sich um alle kümmert und für jeden ein freundliches Wort parat hat. Leider kümmert sich keiner um ihn. Aber dann bekommt er abends einen Anruf von einer Kollegin: „Ich... wollte nur fragen... Wie geht es Ihnen?" Und zaubert mit dieser Geste ein Lächeln in sein Gesicht. Echtes Interesse kann so viel bewirken.

Vielleicht droht Ihnen nach einem solchen Angebot ein längeres Gespräch. Ja, dann war es wohl höchste Zeit für einen Dialog. Den meisten Menschen reicht aber ein kleines Signal, das zeigt: Ich werde gesehen, völlig aus. Vergessen Sie nie, dass ungeteilte Zeit mit Ihnen, gerade weil es so ein knappes Gut ist, die höchste Form der Zuwendung ist. Nehmen Sie sich Zeit für das, was die Briten das kleine Gespräch nennen. Wem Sie als Führungskraft Ihre Zeit zur Verfügung stellen, das sagt mehr als alles andere aus. Das gilt selbstverständlich nur, wenn der Dialog mit Ihnen ein nachgefragtes Gut ist. Als kleiner Test könnten Sie sich die Fragen stellen: Suchen die Mitarbeiter gern und freiwillig das Gespräch mit mir, weil sie es als eine Bereicherung empfinden? Oder meiden sie den Kontakt mit mir, weil sie das eine oder andere Mal beschädigt aus dem Gespräch gehen? Ob Begegnungen mit anderen gelungen sind, entscheiden nicht nur Sie. Daher besitzen Sie, sofern Sie die Frage aufrichtig beantworten können, einen der klarsten Indikatoren bezüglich der Qualität Ihrer Kommunikation.

Die Kraft der Emotion für die Arbeit im Team kann nicht überschätzt werden. Die Analogie zum Mannschaftssport liegt nahe. Edna Schöne berichtet von der Einführung eines „check in" zu Beginn jeder Vorstandssitzung. „Es hat eine Weile gedauert, auf die Frage ‚Wie geht es dir?' nicht mehr mit der üblichen Unverbindlichkeit zu antworten. Heute teilen wir, was wir mental mitbringen, wie es uns wirklich geht. Das ist keine Therapiestunde, sondern die Bereitschaft, etwas von sich preiszugeben. Das schafft gegenseitiges Vertrauen." Carina Kozole formuliert es so: „Wie soll ich jemandem ohne Emotionen vertrauen? Emotionslosigkeit treibt Mitarbeiter in den Wahnsinn." Emotionen zuzulassen und einander vertrauen zu dürfen ist auch ein guter Schutz vor Zynismus, der in den meisten Organisationen irgendwo lauert. Mehrere unserer Gesprächspartner wiesen auf die latente Gefahr hin, aufgrund des ständigen Drucks und der vielen unangenehmen Themen, die Führungsarbeit mit sich bringt, zum „emotionalen Kühlschrank" zu werden.

Apropos Kommunikation. Ohne ein Mindestmaß an Emotionen können Menschen nicht erreicht werden. Das beginnt bei uns selbst. Wie wollen Sie andere bewegen, wenn Sie selbst nicht bewegt sind, wenn Sie nicht tatsächlich emotional anteilnehmen am Geschehen? Trauen Sie sich! Starten Sie im Rahmen Ihrer Möglichkeiten einen Mutausbruch, in dem Sie andere an Ihren Emotionen teilhaben lassen. Die Psychologie bezeichnet das als Self-Disclosure, Selbstöffnung, und sieht als Vorteil u.a. den Aufbau von Vertrauen durch emotionale Nähe. Positive Emotionen sind übrigens ansteckend – leider gilt das auch für negative Emotionen, wie wir später noch darstellen werden. Es geht im Grunde darum, ein herzlich-emotionales Klima zu fördern, in dem es Freude, man könnte auch sagen: Spaß, macht, zusammenzuarbeiten. Die amerikanische Bürgerrechtlerin Maya Angelou hat diesen Beitrag, den wir für andere leisten können, wunderbar beschrieben: „I've learned that people will forget what you said, people will forget what you did, but people will never forget how you made them feel."

„People will forget what you said, people will forget what you did, but they will never forget how you made them feel."

Führen ist dabei Führen durch das Wort. Dabei geht es nicht nur um Inhalte, sondern ganz wesentlich um den Beziehungsanteil. Wir erfahren unseren Wert, wie andere auf uns schauen, dadurch, wie sie das Wort an uns richten. Worte machen Menschen klein, verletzen und lassen die Beziehung erkalten. Worte können aber auch aufbauen, positive Energien zuführen und dafür sorgen, dass es anderen gut geht. In China heißt es, „in einem Wort ist genügend Wärme für drei Winter." Suchen Sie daher den Dialog, die direkte Begegnung. Kommunikation ist ein Mittel, um Beziehungen zu pflegen – nicht nur der Austausch von Zahlen, Daten, Fakten. Verzichten Sie auf schriftliche Proklamationen, um Ihre Sichtweise zu transportieren. Wann immer Sie wichtige Gedanken transportieren wollen und wann immer es möglich ist, gilt: Im Zweifel reden statt schreiben.

All diese Aspekte gelten grundsätzlich, aber besonders gelten sie in schwierigen Momenten. Genau jetzt kommt es auf Ihre Signale und Ihre Nähe an. Wenn Sorgen vorherrschen, wenn Misstrauen das Miteinander bestimmt, wenn Angst vor dem Verlust des Arbeitsplatzes überwiegt, dann kommt es nicht nur auf Ihr Einfühlungsvermögen, sondern in erster Linie auf Ihre Einfühlungsbereitschaft an. Verlassen Sie, sofern noch vorhanden, die vier Wände Ihres Büros, setzen Sie sich zu Ihren Mitarbeitern und hören Sie zu. Wenn Empathie die Fähigkeit beschreibt, die einzigartigen Erfahrungen anderer zu verstehen und darauf geeignet zu reagieren, gelingt das primär durch Zuhören. Häufig hören wir aber nicht zu, um zu verstehen, wir hören zu, um zu antworten. Und das ist etwas völlig anderes. Das ist eine Haltung: „Ja, ja ich weiß schon." Nein, wissen Sie nicht! Wir haben bestenfalls den Verdacht einer Ahnung, was sich hinter der Schädeldecke eines anderen abspielt. Schon gar nicht wissen wir etwas von seinem Schmerz, von seinen Enttäuschungen und Verletzungen. Wir können Ihnen nur ans Herz legen, Ihre Performanz im Zuhören zu trainieren, beruflich wie privat. Vertrauen Sie Winston Churchill: „Mut ist, was es braucht, um aufzustehen und seine Meinung zu sagen. Mut ist auch, was es braucht, sich hinzusetzen und zuzuhören." Wenn es Ihnen dann noch gelingt, dass andere sich in Ihren Antworten und Reaktionen wiederfinden, haben Sie einen Schlüssel, der die Herzen anderer öffnet.

Zum Bewusstsein der eigenen Wirkung gehört schließlich auch, sich der Rolle als Führungskraft in den Augen der Geführten im Klaren zu sein. Man muss nicht so weit gehen wie Jon Stokes, der aus psychoanalytischer Sicht beschreibt, wie Geführte ihr idealisiertes Selbstbild auf den Führer projizieren. Aber das Bedürfnis nach Orientierung, Vorbild, echtem Interesse an der Person und Ernstgenommen-werden sollte man sich stets vor Augen halten. Dies gilt – ganz wichtig – für alles, was man tut und auch alles, was man nicht tut, ob bewusst oder unbewusst. Menschenkenntnis hilft. „Behandle unterschiedliche Menschen unterschiedlich. Nicht so, wie du selbst behandelt werden willst, sondern wie der andere behandelt werden will. Man muss sich bemühen, wirklich den Menschen zu sehen. Wer tickt wie? Manche lieben Freiheit, manche möchten klare Anweisungen. Manche denken in Buchstaben, andere in Bildern. Die Akzeptanz der Unterschiedlichkeit ist enorm wichtig", schildert Marion Horn ihre Erfahrungen.

Schließlich spielt beim Thema Emotionen auch die persönliche Nähe eine Rolle. Der Umgang damit muss nach den Erfahrungen der Pandemie neu kalibriert werden. Die Effizienz digitaler Zusammenkünfte muss sorgfältig abgewogen werden gegen die zusätzliche, vor allem emotionale, Dimension persönlicher Treffen. Der Rahmen, die Umgebung, die ich schaffe, schließt Menschen auf oder zu. Gestik und Mimik, Enge oder Weite, Konzentration oder Ablenkung, Spannung oder Entspannung, Energie oder Ermüdung – nichts sollte unbeachtet bleiben.

Folgende Anregungen können helfen, sich dem Thema Emotionen zu nähern:

Professionalität entwickeln, statt Authentizität zu überschätzen

Unser Plädoyer für Emotionen im Management ist nicht grenzenlos zu verstehen. Zuweilen wird an Führungskräfte von verschiedenen Seiten appelliert, dass Führung ihr Innerstes zeigen sollte, denn nur so ist man ein authentisches Vorbild. Authentisch ist nicht nur schick, sondern einfach gut. Wirklich? Wenn man unter Authentizität versteht, dass ich mich immer „echt" zeige, mit meinen aktuellen Gefühlen und Stimmungen, dann kann das in der Führung recht unangenehme Folgen haben. So warnt Christian Kullmann nachdrücklich vor der Kehrseite der Authentizität, die auch übersetzt werden könne als „erbärmliche Rücksichtslosigkeit". Positiv konnotiert geht es um persönliche Glaubwürdigkeit: „Wenn man Führungsarbeit als Rollenspiel begreift, wird es schnell zum Kasperltheater. Man muss authentisch bleiben", so Joachim von Schorlemer. Carina Kozole betont, dass man „Emotionalität nicht mit Launen verwechseln darf. Es gibt nichts Schlimmeres als Launen, das ist unfair den Mitarbeitern gegenüber." Hans-Lothar Domröse drückt das so aus: „Es ist eine Frechheit, wenn Generäle schlecht gelaunt sind!" Zum Thema Emotionen gehört also auch, sich und seine Wirkung auf andere einschätzen zu können. „Authentisch angepasst" an die jeweilige Situation, nennt Carina Kozole das.

Das wahre Selbst mancher Menschen möchten wir zuweilen gar nicht näher kennenlernen. Weder auf der Arbeit noch abends beim Bier. Bestenfalls mögen wir Authentizität in einem produktiven Kontext. Natürlich ist spontane Freude, die im Gelingen zum Ausdruck gebracht wird, förderlich. Aber in den meisten kritischen Situationen geht es eher um Unterlassen. Unterlassen von destruktiven Emotionen. Andere werden nicht dadurch inspiriert, dass sie beispielsweise an meinen cholerischen Ausbrüchen teilhaben dürfen. Als Führende stehen wir in der Verantwortung auszuwählen, welche Emotionen wir anderen zumuten wollen. Statt Authentizität empfehlen wir deshalb Professionalität: Ein Profi wahrt eine selbstgewählte Qualität im Handeln – weitgehend unabhängig von Tagesform und Stimmungen. Christian Kullmann beschreibt das so: „Jeder, der zum Termin beim CEO kommt, bringt sein Bestes mit, möchte die volle Aufmerksamkeit. Mitarbeiter haben das Recht, gehört und ernstgenommen zu werden, unabhängig davon, wie es dem Chef heute geht. Ein Konzern darf nicht von den Stimmungen des Vorstandsvorsitzenden abhängen, das Individuum tritt hinter die Aufgabe zurück."

Welchen Qualitätsanspruch haben Sie an die eigene Führungsarbeit? Worauf haben Ihre Mitarbeiter auf jeden Fall, trotz unterschiedlichen Stimmungen, ein Anrecht? Was dürfen sie von Ihnen erwarten? Wie wäre es, Ihren Mitarbeitern das offen zu sagen und sie zu bitten, Sie darauf aufmerksam zu machen, wenn Sie hinter Ihrem eigenen Anspruch zurückbleiben.

Rücksichtsvolle Offenheit statt menschenverachtender Diplomatieverzicht

Es gibt noch eine spezielle Form destruktiver Emotionen, auf die wir hinweisen möchten. Ähnlich wie Authentizität wird Ehrlichkeit von manchen Coaches absolut gesetzt. Ehrlichkeit ist immer gut. Das nutzen nicht wenige Führungskräfte als Freibrief. „Meine zweite Muttersprache ist Klartext. Bei mir wissen die Leute, woran sie sind. Ich nehme kein Blatt vor den Mund." Das ist, mit Verlaub, eine unterkomplexe Antwort auf eine relevante Frage. Die berechtigte Frage lautet: Wo ist Offenheit sinnvoll und wo endet sinnvollerweise Offenheit? Offenheit schafft Klarheit. Erwartungen klar anzusprechen und Menschen zu fordern, ist insofern eine notwendige Bedingung für Erfolg. Nur nicht, wenn Sie andere überfordern. Wenn Sie als Führungskraft die Nehmerqualitäten überdehnen und anderen zu viel zumuten, so ehrlich und aufrichtig das von Ihnen gemeint sein mag, verschließt sich Ihr Gegenüber. Folgen Sie also Voltaire: „Alles was du sagst, sollte wahr sein. Aber nicht alles was wahr ist, solltest du auch sagen." Zuweilen gilt si tacuisses, philosophus mansisses.

Stellen Sie sich bei berechtigter Kritik gegenüber Kollegen die nicht zu unterschätzende Frage nach Ihrer Intention. Wollen Sie, dass es Ihnen hinterher emotional besser geht und Sie die Sache losgeworden sind, oder wollen Sie beim anderen tatsächlich etwas bewirken? Wenn Ihnen zureichend klar ist, was Ihr Ziel ist und Sie bereit sind, für die Konsequenzen einzustehen, dann können Sie sich für einen der beiden Wege entscheiden. Im Übrigen: Sie können nur kritisieren, was Sie verstanden haben.

____

____

____

____

____

____

____

____

Empathisches Verständnis zeigen statt den „LiLaLaune-Bär" zu geben

Wie geht's? Supi. Läuft alles? Bestens. Kämpfen Sie gerade mit einem Problem? Ich habe keine Probleme – nur Herausforderungen. „Na toll", würde man solchen Führungskräften am liebsten zurufen. Alles in Butter. Inspiration entsteht aber nicht durch ein substanzloses „Tschakka“. Sondern durch echtes Interesse am anderen. Ein Interesse, dass nicht auf egozentrische Selbstdarstellung oder oberflächliche Beschwichtigungen zielt, sondern sich aufrichtig um Verstehen bemüht, auch wenn uns das in letzter Konsequenz nie gelingen wird. Wenn Menschen sich in ihren wesentlichen Emotionen verstanden fühlen, was nicht gleichbedeutend mit Verständnis ist, dann entsteht eine Sicherheit, vielleicht sogar Geborgenheit, die gerade in schwierigen Situationen enorm unterstützend ist. Das schließt übrigens nicht aus, dass Sie inhaltlich eine andere Vorstellung vertreten. Verstehen ist nicht gleichzusetzen mit einverstanden sein. Ich kann mich bemühen, das divenhafte Verhalten eines Teammitglieds zu verstehen, aber das heißt noch lange nicht, dass ich dieses Verhalten auch akzeptieren muss.

Erkennen Sie, wenn es Ihren Mitarbeitern nicht gut geht, oder müssen diese dafür schon sehr deutliche Signale senden? Können Sie fremde Stimmungslagen gut einschätzen und spiegeln? Bestätigen Ihnen Ihre Mitarbeiter, dass sie sich von Ihnen gesehen und verstanden fühlen? Es lohnt sich, in einem angemessenen Intervall diese Fragen mit Ihrem Team zu besprechen.

8

Optimismus

Sie strahlen glaubwürdig Zuversicht aus

Erfahrung ist nicht das, was einem zustößt,
Erfahrung ist das, was man aus dem macht,
was einem zustößt.
Aldous Huxley

„Optimismus ist Pflicht. Man muss sich auf die Dinge konzentrieren, die gemacht werden sollen und für die man verantwortlich ist." Dieses Zitat wird dem Philosophen Karl Popper zugeschrieben, wie auch die Aussage „Zum Optimismus gibt es keine Alternative." Leichter gesagt als getan, kann man sehr schnell einwenden angesichts der Welt, die uns umgibt und die sich nach Auffassung der meisten nicht zum Besseren entwickelt hat. Optimismus sollte aber nicht verwechselt werden mit naiver Hoffnung, mit „Pfeifen im Walde". Im Kontext von inspirierender Führung geht es eher darum, eine Möglichkeit zu sehen, eine Chance zu erkennen, die es sich lohnt zu ergreifen. Das gilt umso mehr im allgegenwärtigen Risiko des Scheiterns. Die Dinge in die Hand nehmen, etwas bewegen, Lethargie und Stillstand überwinden, Ausprobieren, wieder aufstehen – die Energie dafür ist der Optimismus. Als Führungskraft genügt es nicht, in diesem Sinne für sich optimistisch zu sein, sondern es auch auszustrahlen. Das hat nicht nur Vorzüge für die Kultur Ihres Unternehmens, sondern Sie selbst profitieren davon ebenfalls.

Möchten Sie länger leben? Jetzt könnten Sie verständlicherweise mit dem französischen Nobelpreisträger für Medizin, Alexis Carrel erwidern, „es kommt nicht darauf an, dem Leben mehr Jahre zu geben, sondern den Jahren mehr Leben zu geben." Aber lassen wir von den semantischen Spielereien ab und bitten Sie, dass Sie sich noch einmal der Frage widmen. Nebenbei bemerkt würden wir jetzt wahnsinnig gerne Ihrem Gehirn beim Denken zuschauen. Gut, Sie haben sich entschieden. Wir gehen optimistisch davon aus, dass Ihre Antwort positiv ist. Jetzt könnten wir Ihnen, basierend auf unserem gesunden Menschenverstand, eine Menge Hinweise geben, für Ihre Ernährung oder den physiologischen Nutzen regelmäßiger Bewegung oder gar Sport. Aber das ist nicht unser Spielfeld. Deshalb wollen wir Ihnen und Ihren Mitarbeitern ein anderes Angebot für ein längeres Leben machen, denn Ihre Einstellung zum Leben, Sie ahnen es schon, beeinflusst Ihre Lebenserwartung.

In einer 2022 veröffentlichten Studie der Harvard T.H. Chan School of Public Health wurde auf Basis von 159.255 Frauen, die Teil der sogenannten Women's Health Initiative waren, festgestellt, dass höherer Optimismus (unabhängige Variable) mit einer längeren Lebensspanne (abhängige Variable) und sogar einer größeren Wahrscheinlichkeit für außergewöhnliche Langlebigkeit verbunden ist. Bei aller Vorsicht bezüglich weiterer Einflussgrößen deutet die Untersuchung auf einen kausalen Zusammenhang hin. Viele frühere Arbeiten zu diesem Thema konzentrierten sich auf Defizite oder Faktoren, die das Risiko für Krankheiten und vorzeitigen Tod erhöhen. Die Ergebnisse dieser Studie legen nahe, dass es sinnvoll ist, sich auf positive psychologische Faktoren wie Optimismus als mögliche neue Wege zur Förderung von Langlebigkeit und gesundem Altern zu konzentrieren. Wie die Professorin für Lehr- und Lernforschung an der Universität Trier, Michaela Brohm-Badry, betont, gibt es einen ähnlichen Effekt auch bei Männern.

Die Gründe für diesen Effekt lassen sich erst einmal physiologisch beschreiben. Optimistische Menschen empfinden Situationen, die für andere belastend sind, als weniger stressauslösend. Dadurch schütten sie weniger Stresshormone aus. Ein dauerhaft erhöhter Cortisolspiegel kann Bluthochdruck auslösen und das Risiko für einen Herzinfarkt erhöhen. Insgesamt gibt es zahlreiche förderliche Effekte auf das Herz-Kreislauf-System. Es ist nicht nur gut, sich gut zu fühlen, es ist sogar gesundheitsförderlich. Es gibt zahlreiche Studien aus unterschiedlichen Lebensbereichen, die dieses

Phänomen beschreiben: von Aids-Patienten, Empfängern von Knochenmarkspenden, gebärenden Frauen und Überlebenden von Raketenangriffen. Das Ergebnis war immer ähnlich: Optimistisch gestimmte Menschen werden besser und schneller mit Belastungen fertig.

Das beschreibt aber nur die körperlich-chemische Seite. Ebenso hat eine optimistische Einstellung diverse positive Effekte auf die Psyche. Zum einen ein höheres Maß an Gelassenheit, was durch die Art und Weise beeinflusst wird, wie wir Reize aus unserer Umgebung bewerten. Optimisten sind eher in der Lage, kritischen Situationen nützliche Seiten abzugewinnen. Zudem haben optimistisch gestimmte Menschen einen stärkeren Bindungseffekt auf andere. Warum? Fragen Sie sich selbst: Wollen Sie lieber mit einem schlechtgelaunten, mürrischen, missmutigen, miesepetrigen Pessimisten die Welt erobern oder mit einem zuversichtlichen Optimisten, der Möglichkeitsräume öffnet, Chancen sieht und mit Begeisterung daran arbeitet, sie zu realisieren? Gerade wenn es um die Gestaltung der Zukunft geht, ist ein Mindestmaß an Zuversicht notwendig. Nur wenn wir optimistisch gestimmt sind, lernen wir neue Dinge und haben Lust, unsere eigenen Denk- und Verhaltensweisen zu erweitern.

„Optimisten sind eher in der Lage, kritischen Situationen nützliche Seiten abzugewinnen."

Wir wollen nachdrücklich betonen, dass es uns um einen Optimismus mit Augenmaß geht, nicht um eine realitätsabgelöste Schönfärberei, einen romantischen Kuschelkurs oder ein übersteigertes Hochgefühl. Wenn die Hütte brennt, müssen Sie löschen. Keine Frage. Da hilft Ihnen kein „lass uns mal das Positive sehen". Dann müssen Sie ran, mitanpacken, sich die Finger schmutzig machen und das Problem beheben. „Durchhalteparolen, ‚Tschakka, wir schaffen das', das ist mir zu flach", so Edna Schöne: „Man gewinnt kein Vertrauen, wenn man vorgibt, die Lösung zu haben, ohne das Problem zu sehen."

Menschen spüren sofort, ob Optimismus glaubwürdig ist oder als „Tool zur Zielerreichung" vorgespielt wird, garniert mit Managementfloskeln. Wenn also die Quelle vorgeblichen Optimismus' ist, Mitarbeiter zur Zielerreichung anzuhalten, weil man den Weg dahin selbst nicht so genau kennt, dann landet man unweigerlich in der Sackgasse. Dann ist es allemal besser, das Gespräch zu suchen: „Lass uns gemeinsam überlegen, ob die Ziele zu schaffen sind, und dann nach gangbaren Wegen suchen."

Eine Frage bleibt allerdings bestehen: Mit welcher Haltung gehen Sie die Sache an? Sie können den Leuten Angst machen oder sie bedrohen. Das rüttelt auf, lässt wach werden und mobilisiert das Team – leider nur kurzfristig. Es gibt Untersuchungen, die belegen, dass Angst kein dauerhafter Treibstoff ist, er nutzt sich zu schnell ab. Die Alternative wäre begründete Zuversicht oder wie es die Psychologin Astrid Schütz beschreibt, ein moderater Optimismus. Carina Kozole stellt einen Zusammenhang mit dem Einfluss der öffentlichen Diskussion her: „In Deutschland wird vieles in Richtung ‚Opferrolle' konditioniert – alles wird schlimmer, schlechter. Oft stimmt das aber nicht. Als Führungskraft hat man die Pflicht zu Optimismus und Hoffnung, ganz besonders im Angesicht anspruchsvoller Herausforderungen." Ohne die Zuversicht auf das gute Ende würden wir viele Projekte gar nicht in Angriff nehmen. Viele unserer Entscheidungen sind mit Risiken verbunden. Aber was wäre das für ein Leben, wenn wir nicht, basierend auf unserer Zuversicht, den Mut hätten, etwas zu riskieren?

Optimismus beschreibt in unserem Kontext die Fähigkeit, bewusster auf das zu schauen, was funktioniert, um damit eine begründete Erwartung aufzubauen, dass wir den Dingen eine positive Wendung geben können. Anders formuliert geht es um eine Perspektive, die auch auf die vorhandenen Ressourcen, das Gute schaut und nicht permanent im Defizit verharrt. Diese Haltung bewahrt uns vor Apathie und Hoffnungslosigkeit. Optimismus macht Zukunft und produktive Veränderung überhaupt erst möglich. Es gibt eine Methode, die in den 1980er Jahren in den USA für das Management von Veränderungen entwickelt wurde. Sie nennt sich Appreciative Inquiry. Die etwas sperrige Übersetzung lautet „wertschätzende Erkundung." Appreciative Inquiry fokussiert die Aufmerksamkeit der Organisation primär auf die Stärken, das Positive und damit das Potenzial eines Unternehmens. Matthias zur Bonsen nennt das die „Juwelen" der Organisation. Es ist unglaublich interessant, was man in Unternehmen aus den Prozessen lernen kann, die funktionieren. In jeder Organisation gibt es viele positive Phänomene, die wir aber nicht oder nicht mehr bewusst wahrnehmen. Wie häufig fragen wir uns, warum klappt das eigentlich bei uns so gut? Was führt dazu, dass wir uns mit diesem Sachverhalt leicht tun? Können wir den dahinterliegenden Mechanismus nicht auch auf andere Bereiche übertragen? Als Nebeneffekt erkennen die Mitarbeiter, dass sie in vielen Bereichen besser sind, als sie üblicherweise denken.

Jetzt werden Sie unter Umständen sagen, Optimismus hat man oder hat man nicht. Damit haben Sie zum Teil recht. Optimismus ist, innerhalb der Grenzen der eigenen Persönlichkeit, entwickelbar. Brohm-Badry geht in ihren Untersuchungen davon aus, dass etwa 30% genetischer Disposition zuzurechnen ist. Wenn Sie also eher zu den Miesepetern und kreativen Kritizisten gehören, dann ist das erstmal nicht schlimm. Denn die gute Nachricht ist, wir sind diesem Muster nicht ausgeliefert. Wir müssen uns selbst nicht immer alles glauben, was wir so denken. Wir bestimmen selbst den Fokus unserer Gedanken und auf diese Weise unseres Handelns. Dem jüdischen Talmud wird ein interessanter Impuls zugeschrieben, wobei die Quellen vermutlich älter sind: „Achte auf Deine Gedanken, denn sie werden Worte. Achte auf Deine Worte, denn sie werden Handlungen. Achte auf Deine Handlungen, denn sie werden Gewohnheiten. Achte auf Deine Gewohnheiten, denn sie werden Dein Charakter. Achte auf Deinen Charakter, denn er wird Dein Schicksal." Unser Gehirn passt sich an die Art und Weise unseres Denkens an. Diese Muster werden notorisch. Daher ist es wichtig, sich diese Muster bewusst zu machen. Worauf richten wir unser Denken, oder wenn Sie wollen, unser „Mindset", aus?

Unsere Gesprächspartner sind sich jedenfalls weitgehend einig, dass der Glaube an die Möglichkeiten, an eine bessere Zukunft, unabdingbar ist für inspirierende Führung. „Wenn ich nicht brenne, dann die anderen doch erst recht nicht", so Christian Kullmann. Für ihn gehört dazu auch, Selbstvertrauen und Mut gegen die Angst vor dem Scheitern zu setzen. Aus diesem Grund ist für Sie als Führungskraft die Steuerung der Aufmerksamkeit bei sich selbst und Ihrem Team essenziell. Für den kritischen Teil, das Negative, müssen Sie, entsprechend der deutschen Mentalität, nicht arbeiten. Das beherrschen viele Unternehmen nur zu gut. Wenn wir beispielsweise in unseren Kulturanalysen mit Mitarbeitern darüber sprechen, wie lange es braucht, vom Problem in einen Lösungsmodus zu wechseln, dann wissen Sie vermutlich schon, wie die Frage üblicherweise beantwortet wird. Der Problemmodus kann eine ziemlich hartnäckige und klebrige Angelegenheit sein. Der Psychotherapeut Steve de Shazer, der mit seiner Ehefrau Insoo Kim Berg eine lösungsfokussierte Kurzzeittherapie entwickelt hat, zeigt auf, was eher im Fokus stehen sollte: „Problem talks create problems, solution talks create solutions." Betrachten Sie daher die Aufmerksamkeitssteuerung einfach als Alternativangebot für kollektive Jammerzirkel, kreative Meckergruppen oder die gar nicht so selten vorkommenden Ja-aber-Kollegen, die jede neue Idee am liebsten sofort versenken würden.

Schauen wir uns an, wie eine solche Steuerung der Aufmerksamkeit praktisch gelingen kann. An dieser Stelle kommt wieder Albert Bandura ins Spiel. Bandura hat den Begriff Selbstwirksamkeit geprägt, den wir im Zusammenhang mit Sinnerleben kurz angesprochen haben. Selbstwirksamkeit ist das Zutrauen in die eigenen Kompetenzen. Die Überzeugung, dass man eine Situation durch eigenes Handeln gestalten kann. Selbstwirksamkeit ist für uns alle eine wichtige Ressource und kann gezielt aufgebaut werden, wenn wir unsere Aufmerksamkeit auf unsere Erfolge lenken. Das funktioniert nur leider nicht so leicht, wie wir denken.

Wenn Ihnen Ihre Führungskraft im Rahmen einer Rückmeldung zu 95% positive Dinge über Ihre Arbeit der letzten Monate erzählt und zu 5% kritische Aspekte anspricht, was hören Sie? Eben. Das Negative überwiegt und bindet die Aufmerksamkeit. Der Sozialpsychologe Roy Baumeister hat dieses Phänomen in seinem Buch „Die Macht des Schlechten" unterhaltsam ausgeführt. Worüber unterhalten Sie sich beispielsweise mit Ihrer Partnerin oder Ihrem Partner, wenn sie abends nach Hause kommen und den Tag Revue passieren lassen? Über das, was Ihnen alles gelungen ist oder eher über die Dinge, über die Sie sich geärgert haben, weil sie nicht so gelaufen sind, wie Sie sich das vorgestellt haben?

Die Erfahrung lehrt, dass Sie als Führungskraft den ganzen Tag mit allen möglichen Problemen konfrontiert werden. Es ist natürlich, dass auf diese Weise die kleinen Erfolge aus dem Fokus geraten, wenn Sie dem nicht ein bewusstes Ritual entgegensetzen. Ein solches Ritual könnte sein, dass Sie in Ihrem wöchentlichen Austausch mit Ihrem Team zu Beginn des Meetings nicht das übliche Blitzlicht durchführen. Das kann nämlich die leidige Konsequenz haben, dass Ihr Meeting auf eine schiefe Bahn gerät. Die erste Person äußert Kritik, setzt damit den Ton und steckt die anderen an. Der nächste Kollege oder die Kollegin wollte noch etwas Positives sagen, aber jetzt wird ebenfalls Kritik ausgepackt. Deswegen kann es für die Stimmung förderlich sein, erst einmal jeden erzählen zu lassen, was diese Woche gut gelaufen ist, welche Projekte zu Ende gebracht wurden oder einfach nur, worauf man stolz ist. Am besten machen Sie den Anfang. Anschließend können Sie über die Probleme sprechen, aber Sie haben eine ganz andere Energie im Raum.

Setzen Sie auf diese Weise ein klares Signal, dass Sie nicht nur Abladestation für Probleme sind, sondern genauso teilhaben wollen an den schönen Erlebnissen Ihrer Mitarbeiter. Indem Sie die Leute fragen, was gut gelaufen ist, worauf sie stolz sind, lernen Sie eine Menge darüber, was Ihren Mitarbeitern wichtig ist und worauf es ihnen ankommt. Nico Rose, von dem diese Idee stammt, nennt das WWW – what went well. Aber vielleicht fällt Ihnen für Ihr Team noch ein besserer Name ein.

Rupert Lay hat, als er noch Professor in Frankfurt war, mit seinen Studenten eine Untersuchung zu der Frage gemacht, welche Eigenschaften einer Führungskraft dazu führen, das andere ihr so etwas wie Charisma zuschreiben. Ein wesentlicher Punkt, den sie entdeckten, war, dass charismatische Führungskräfte Dinge für möglich halten und verliebt ins Gelingen sind. Niemand lässt sich durch eine Aussage wie „... wird sowieso nicht klappen...!" inspirieren. Wer durch eine mäkelige Tonlage und skeptische Mimik zum Ausdruck bringt, an allem und jedem zu zweifeln, wird andere kaum für etwas begeistern können. Warum soll ich als Mitarbeiterin oder Mitarbeiter einer Führungskraft folgen wollen, die Lustlosigkeit, Missmut, schlechte Laune, Unzufriedenheit, Resignation oder Teilnahmslosigkeit ausstrahlt?

„Niemand lässt sich durch eine Aussage wie ‚wird sowieso nicht klappen' inspirieren."

Unterschätzen Sie als Führungskraft nicht Ihre zahlreichen kleinen körpersprachlichen Signale, welche die Stimmung prägen. Diese seismografisch wahrgenommenen Emotionen haben unmittelbar Auswirkungen auf Gefühle und Empfinden Ihrer Mitarbeiter. Wenn die Führung niedergeschlagen, ängstlich oder wütend ist, sind es die Mitarbeiter innerhalb kürzester Zeit auch. Sind Sie als Führungskraft zuversichtlich und gelassen, werden das Ihre Mitarbeiter auch sein. Die Laune einer Führungskraft erzeugt die Laune der Belegschaft. Sie sind Überträger von Emotionen. Und nicht nur Emotionen – Sie übertragen durch Ihre Art, wie Sie auftreten, eine bestimmte Energie. Wie so häufig, ist es günstiger, wenn wir zunächst auf uns selbst und unseren Anteil schauen. Schalten Sie Ihre Selbstwahrnehmung ein. Das klingt leichter als es ist. Den größten Teil des Tages rennen wir völlig bewusstlos durch die Gegend. Haben Sie schon einmal versucht, wahrzunehmen, was Sie so reden und wie Sie dabei klingen und schauen? Was verrät Ihre Art, über wichtige Themen zu sprechen, über Ihre Stimmungslage und Ihre eigene Zuversicht? Bitten Sie eine Person Ihres Vertrauens,

Ihnen von Zeit zu Zeit ein konstruktives Feedback unter vier Augen zu geben.

Jürgen Klopp wurde 2019 in einem Interview gefragt, wie ihn ein guter Freund beschreiben würde. Seine Antwort: „Er würde wahrscheinlich sagen, ein netter Kerl. Jemand, mit dem man Spaß haben kann." Und dann formuliert er seinen Anspruch: „...ich glaube das ist es, was man für andere sein sollte: Ein Energiegeber und kein Energie-Taker. Wenn man mit Freunden zusammen ist und man hat anschließend das Gefühl, mir geht es nicht besser, wenn wir zusammen waren, dann finde ich das komisch. ... Energie zu geben, ist ein Auftrag, den ein Freund hat." Später ergänzt er noch: „Ich bin keiner, der sich oft meldet, dafür fehlt mir die Zeit, aber wenn ich Zeit habe, dann bin ich hundertprozentig da." Klarer kann man es nicht formulieren, daher greifen wir diesen Aspekt der Wiedersehensfreude später noch einmal auf.

Aus dem Beschriebenen folgt: „Bitte übernehmen Sie Verantwortung für die Energie, die Sie in Ihrer Umgebung verbreiten." Das ist keine Aufforderung, die wir uns ausgedacht haben. Das ist die Überschrift eines Plakates der Indiana University Health. Eine Aufforderung an alle, die für die Gesundheit der Patienten verantwortlich sind. Jürgen Klopp drückt das nahezu identisch aus: „When you enter a room, you have a little bit of responsibility at least for the mood in the room." Weiter steht auf dem Plakat: „Ihre Worte sind relevant. Ihr Verhalten ist relevant. Unsere Patienten und unsere Teams sind relevant." Wenn Ihre Mitarbeiter Ihnen häufiger ernst, niedergeschlagen, zurückhaltend begegnen, dann kann das daran liegen, dass alle einen schlechten Tag haben. Es kann aber auch sein, dass Ihnen Ihre Mitarbeiter nur das zurückspiegeln, was Sie als Energie in den Raum hineintragen. Bevor Sie das nächste Mal ins Büro kommen und die Tür öffnen, fragen Sie sich, welche Energie möchten Sie verbreiten?

Eine weitere Form der Aufmerksamkeitsteuerung verdanken wir Shelly Gable. Die amerikanische Sozialpsychologin hat sich mit der Frage beschäftigt, bist du für mich da, wenn es gut läuft? Sie kennen wahrscheinlich eher die Umkehrung, bist du für mich da, wenn es schlecht läuft? Sie interessiert sich dafür, wie Führungskräfte damit umgehen, wenn Mitarbeiter positive Dinge mit ihnen teilen wollen. Selbstverständlich gilt das auch in Ihren Beziehungen und bei der Erziehung Ihrer Kinder. Es gibt vier Arten, wie wir darauf reagieren können:

1. Aktiv destruktiv reagieren. Wir werten es ab. Kritisieren den anderen für seinen oder ihren Erfolg, nach dem Motto: „Das hätte jeder gekonnt, damit kommen Sie zu mir...?“ Wir dürfen davon ausgehen, dass die meisten Führungskräfte über dieses Stadium hinweg sind.
2. Passiv destruktiv reagieren. Wir ignorieren unseren Gegenüber, beispielsweise durch Themenwechsel oder wir stehlen dem anderen die Show: „Prima, ich habe übrigens gerade selbst etwas über die Ziellinie gebracht...“
3. Passiv konstruktiv reagieren. Hier reagieren wir vernünftig. Wir stimmen zu, sind aber emotional wenig beteiligt. Das ist leider eines der häufigsten Muster: „Daumen hoch, klasse... aber jetzt wieder zurück zur Arbeit.“
4. Aktiv konstruktiv reagieren. Erst jetzt sind wir innerlich involviert, freuen uns mit dem anderen und zeigen Interesse. Das Positive wird verstärkt und wir geben dem anderen Raum, davon zu erzählen. Das Scheinwerferlicht bleibt noch etwas länger auf der Person und wir laden sie ein, das noch einmal tiefer zu durchdringen. Eine mögliche Frage könnte sein: „Was war denn das

Beste daran?" „Erzähl mir mehr davon..." Kleine Fragen fördern die Reflektion, verstärken die positive Erfahrung im Bewusstsein und wir erkennen unter Umständen reproduzierbare Strategien.

Wir merken: Unsere unmittelbare Reaktion, wenn andere uns voller Stolz von ihren Erfolgen berichten, ist für andere der nachdrücklichste Indikator, welchen Fokus wir setzen. Sie werden andere nicht inspirieren, wenn Sie mal eben nebenbei Ihr Wohlwollen darüber zum Ausdruck bringen, dass Ihre Mitarbeiter brav ihr Tagewerk abgearbeitet haben. Bleiben wir etwas länger in der Aufmerksamkeit und verstärken die positiven Emotionen oder haken wir das als Selbstverständlichkeit ab? Sie haben es in der Hand, jeden Tag die Aufmerksamkeit auf das Stärkende, das Lohnende zu setzen.

Unternehmen binden mittlerweile sogar ihre Kunden ein, wenn es darum geht, nach positiven Faktoren zu fahnden. Die amerikanische Hotelkette Hilton beispielsweise bittet ihre Gäste, besondere Momente auf einer Karte zu vermerken.

Hilton Moments sind die erinnerungswürdigen und besonderen Dinge, die Teammitglieder jeden Tag tun, damit sich unsere Gäste umsorgt, geschätzt und respektiert fühlen. Bei Hilton ermutigen wir unsere Teammitglieder, gastfreundlich zu sein und auf die Bedürfnisse unserer Gäste und ihrer eigenen Kollegen einzugehen. Wenn eines unserer Teammitglieder Ihre Erwartungen übertroffen hat und die Extrameile gegangen ist, helfen Sie uns bitte, dies anzuerkennen.

Auf dieser Karte können die Gäste den Namen der Kollegin oder des Kollegen notieren und kurz beschreiben, was für ein außergewöhnlicher Service ihnen zuteilwurde. Auch wenn wir sonst nicht unbedingt Freunde öffentlicher Belobigungen sind, finden wir es inspirierend, diese Momente nicht einfach verstreichen zu lassen, sondern sie explizit mit anderen zu teilen und zu würdigen. Wie wichtig solche Signale sind, belegt die BCG Studie Decoding Global Talent. 200.000 Menschen wurden weltweit und in unterschiedlichsten Branchen gefragt, was sie bei der Arbeit glücklich macht. Platz 1: Wertschätzung für meine Arbeit. Das wird Sie nicht überraschen. Aber vom Wissen zum Tun liegt teilweise ein weiter Weg. Fragen Sie sich als Führungskraft, ob Sie Ihre Mitarbeiter von Zeit zu Zeit dabei erwischen, dass sie etwas richtig gut gemacht haben. Sie tatsächlich gegen alle Widerstände ihre Ziele erreicht haben. Allerdings lebt niemand nur für die Zielerreichung. Und daher freuen Sie sich gemeinsam mit ihnen über das Geleistete. Ihre Freude ist Wertschätzung genug. Diese gemeinsam geteilten Erfolgsmomente fördern die Selbstwirksamkeit, lassen Ihre Mitarbeiter zuversichtlich in die Zukunft schauen und stärken, wenn Sie es ganz hoch hängen wollen, die Resilienz Ihres Teams.

Zuversicht ist gerade in Krisenzeiten eine vernachlässigte Größe. Anderen außerhalb von hohlen Motivationsphrasen begründet Hoffnung geben zu können, ist Inspiration in ihrer besten Form. Nur wenn wir die Zuversicht haben, dass morgen ein besserer Tag sein wird als heute, haben wir die erforderliche Energie für das Kommende. Inspirierende Führungskräfte nähren diese Zuversicht und sind nicht sparsam beim Ausdrücken ihrer Lebensfreude. Nichts ist so inspirierend wie Lebensfreude.

Wenn die Quelle eines glaubwürdigen Optimismus die eigene Überzeugung und positive Gestimmtheit ist, so wird sich dies auf die Menschen, die einen umgeben, übertragen.

Marion Horn erzählt, dass dieser Antrieb für sie gar nicht immer die Aufgabe selbst ist, sondern die Freude an der Arbeit mit den Kolleginnen und Kollegen. „Mir war immer wichtig, gerne zur Arbeit zu gehen, auch wenn die Aufgaben nicht jeden Tag gleich spannend sind."

Auch eine Führungskraft mit zuversichtlicher Grundgestimmtheit wird auch einmal schlechte Tage haben. Zweifel an den Zielen, Sorgen angesichts der Herausforderungen, unvorhergesehene Rückschläge, Gefühle von Machtlosigkeit und Überforderung sind den meisten von uns nicht fremd. Zur Führungsverantwortung gehört allerdings auch, diese Stimmungen nicht ungefiltert an die Mitarbeiter durchzureichen. Verdrängen sollte man sie im Interesse der eigenen Gesundheit erst recht nicht. Die Gesprächspartner dafür sind aber vorwiegend andere – der eigene Chef, ein guter Coach, private Freunde, die Familie. Gestatten Sie uns zum Abschluss dieses Themas einen Impuls, der über das Thema Führung hinausreicht. Vielleicht können wir auch als Gesellschaft eine ordentliche Portion Zuversicht gut vertragen in einer Zeit, in der wir umstellt sind von Kritikern, Mahnern, Bedenkenträgern, die mit der Moderne hadern. Es braucht einen gesunden Optimismus als Basis dafür, Zukunft gestalten zu wollen und nicht eine „Sehnsucht nach permanenter Gegenwart". Der damalige Bundestagspräsident Wolfgang Schäuble hat es zum „Tag der deutschen Einheit" am 3. Oktober 2018 sehr treffend ausgeführt:

„Dieses Misstrauen in die Zukunft ist ein Mangel an Vertrauen in unser Handlungsvermögen. Dabei sind wir in der Lage, gesellschaftliche Entwicklungen zu beeinflussen. Erfolgreich. Wir sprechen nur zu wenig darüber ... Fortschrittsoptimismus blendet nicht aus, dass es Veränderungsbedarf gibt. Aber er versagt sich dem lähmenden Gefühl, nichts bewirken zu können. Diese Zuversicht braucht es. Die Fähigkeit, an das Gelingen zu glauben. Den Mut, sich den Zukunftsaufgaben zu stellen. Und den Respekt vor denen, die anpacken." Lassen Sie uns das Risiko des Optimismus eingehen, nicht nur in den Unternehmen, sondern in allen Teilen unserer Gesellschaft.

Folgende Anregungen können helfen, sich dem Thema Optimismus zu nähern:

Erzeugen Sie Wiedersehensfreude, statt den Wunsch, Ihnen auszuweichen

Es gibt Menschen, bei denen wird der Raum ein wenig heller, wenn sie ihn betreten, und es gibt solche, bei denen er etwas dunkler wird. Mit diesem Bild soll etwas über die Ausstrahlung gesagt werden, die jemand hat und den Beitrag, den er oder sie in einer Situation leistet. Wenn jemand Ihnen begegnet und mit Ihnen spricht – fühlt sich der andere hinterher gut? Oder sogar etwas besser als vorher? Oder haben Sie anderen die Stimmung versaut und Energie geraubt, sodass sich andere von der Begegnung mit Ihnen erstmal erholen müssen? Sind Sie ein Energiespender oder Energiesauger? Machen Sie es sich zu einem Ziel in Ihrer Führungsarbeit, dass alle Menschen, die in Ihrem Verantwortungsbereich arbeiten, sich freuen, wenn sie Ihnen begegnen. Das sind über den Tag gerechnet eine ganze Menge Begegnungen. Es sei denn, Sie verschanzen sich erfolgreich in Ihrem Büro. Jede dieser Begegnungen ist eine Chance, zu einer warmen, herzlichen Atmosphäre beizutragen.

Wir sprachen an anderer Stelle bereits davon, dass es zuweilen schon eine Menge bewirkt, wenn Sie als Führungskraft etwas unterlassen. Darauf zu verzichten, den Mitarbeitern ihre Energie zu rauben, ist schon eine Menge. Ein guter Anfang ist gemacht, wenn Sie darauf verzichten, sie zu korrigieren, zu bevormunden, zurechtzuweisen und sie herabzusetzen, und ihnen stattdessen das Maß an Zuwendung, Zuspruch und Zuversicht geben, das jeder Mensch braucht und ersehnt.

___

___

___

___

___

___

___

Pflegen Sie Ihre inneren Quellen, statt sich nur zu verausgaben

Kein Mensch kann immer nur für andere da sein. Wir brauchen auch Zeit, Energie zu tanken, unsere Batterien wieder aufzuladen. Machen Sie sich Ihre Quellen bewusst, aus denen Sie schöpfen: Was gibt Ihnen Kraft? Sind es Menschen, die in Ihrem Leben eine große Rolle spielen? Sind es künstlerische oder sportliche Aktivitäten? Ist es die Arbeit im Garten, am Haus, in der Werkstatt? Sind es Bücher, Filme, Reisen oder einfach gute Gespräche? Was auch immer. Wir müssen lernen, uns und unsere Bedürfnisse zu spüren. Wenn wir mit Führungskräften darüber sprechen, kommt selbstverständlich das Thema Zeit zur Sprache. Hier liegt nach unserer Einschätzung ein Missverständnis vor. Wenn Ihnen beispielsweise soziale Kontakte helfen und Ihnen das Energie gibt, dann ist damit nicht gemeint, 16 Verabredungen in den Monat zu quetschen. Es gibt den Ausdruck „Quality Time" als Gegenbegriff zur reinen Quantität. Manche Menschen sehen wir zweimal im Jahr und innerhalb von Minuten erreichen wir in diesen Begegnungen eine Tiefe, die wir mit unseren 150 Bekannten auch in Stunden nicht hinbekommen. Sie brauchen nicht viel Zeit, aber Menschen, die Ihnen wirklich gut tun.

Aus einem leeren Gefäß kann man nicht einfüllen. Achten Sie sorgsam darauf, dass Sie Menschen und Aktivitäten, die Ihnen Kraft und Energie geben, genügend Raum und Zeit in Ihrem Leben lassen. Achten Sie auf Warnzeichen, die Ihnen Ihr Organismus gibt. Wenn Sie sich dauerhaft (!) schlecht, matt oder lustlos fühlen, ist irgendetwas nicht in Ordnung. Womöglich haben Sie schlecht oder nicht genügend für sich gesorgt. Warum sind Sie so gemein zu sich selbst?

Potenziale wertschätzen, statt Defizite zu beklagen

Sie entscheiden, durch welche Brille Sie andere Menschen betrachten. Sie können andere an Ihren Erwartungen messen – und Sie werden viele Defizite wahrnehmen, denn fast niemand ist genauso, wie Sie es sich wünschen. Oder Sie können auf die Aspekte der Persönlichkeit schauen, die Ausdruck von sozialen Kompetenzen, fachlichen Fähigkeiten oder liebenswerten Eigenarten sind. Das wird Ihnen leichter fallen, wenn Sie Menschen bilanziert betrachten. Damit ist keine Kosten-Nutzen-Analyse gemeint, sondern die bewusste Entscheidung, dass Sie beide Seiten Ihrer Mitarbeiter sehen: die Stärken und die Schwächen. Nur wenn Sie andere bilanziert betrachten können, sind Sie beziehungsfähig. Wobei den meisten Führungskräften interessanterweise die Analyse der Schwächen leichter zu fallen scheint. Deswegen kommt es darauf an, sich bewusst für die Stärken zu interessieren. Denn nur mit den Stärken gewinnen Teams ihre Spiele. An den Schwächen zu arbeiten ist nur insoweit sinnvoll, als es elementare Dinge sind, die einen aus dem Spiel werfen. Das muss abgestellt werden. Aber oberhalb dieses Niveaus gilt: Stärken fördern. Marcus Buckingham erinnert uns daran nachdrücklich: „Die wahre Tragödie des Lebens ist nicht, dass jeder von uns nicht genug Stärken hat, sondern, dass wir die, die wir besitzen, nicht nutzen."

Wir laden Sie zu folgender Übung ein: Machen Sie eine schriftliche Aufstellung Ihrer Mitarbeiterinnen und Mitarbeiter – schreiben Sie hinter jeden Namen: Was kann er oder sie besonders gut? Welche wertvollen Erfahrungen hat er oder sie schon gemacht? Was schätzen Sie an ihr oder ihm besonders? Bringen Sie das bei Gelegenheit zum Ausdruck! Sagen Sie anderen, was Sie an ihnen schätzen.

9

Bescheidenheit

Sie nehmen sich nicht zu wichtig

„There is no limit to what can be accomplished if it doesn't matter who gets the credit."
Ralph Waldo Emerson

Ist Bescheidenheit ein probates Mittel, die Ränge der Hierarchie einer Organisation möglichst schnell zu durcheilen? Lernen wir nicht bereits als Kinder, dass man sein Licht nicht unter den Scheffel stellen soll? Haben wir nicht alle schon mal den Rat erhalten: Tue Gutes und rede darüber? Haben wir im Wettbewerb um Kunden jemals etwas anders vernommen als „Hier ist das beste Brot/Auto/Online-Konto/Toilettenpapier!"? Ist es Zufall, dass Untersuchungen immer wieder zeigen, dass der Anteil von Narzissten in den Führungsetagen überproportional ausgeprägt ist? Kennen wir nicht alle Situationen aus „der guten alten Zeit", in der mächtige Vorstände ihre Untergebenen mit größter Herablassung behandelt haben? Christian Kullmann setzt für die heutige Evonik AG dagegen: „Arroganz ist bei uns strengstens verboten."

Im heutigen Sprachgebrauch steht Bescheidenheit meist synonym für „Genügsamkeit", „Anspruchslosigkeit", „Einfachheit". Besonders im christlichen Kontext spielt die Tugend der Bescheidenheit eine wichtige Rolle, in Abgrenzung zu materiellen Bedürfnissen und der „Todsünde" der Gier.

Im Führungskontext meint Bescheidenheit das Absehen von eigenen Bedürfnissen zugunsten des Gegenübers. Das mag zunächst angesichts des Machtgefälles zwischen Führendem und Geführten als widersinnig erscheinen. Es verweist aber auf die „dienende Führung", in der es nicht um die eigene Selbstoptimierung und Selbstbestätigung geht, sondern um das Erkennen eigener Grenzen, die Befähigung anderer und das Angewiesensein auf andere.

Die beiden amerikanischen Sozialpsychologen David Dunning und Justin Kruger haben 1999 im Journal of Personality and Social Psychology eine Studie veröffentlicht. Dazu bekamen Freiwillige verschiedene Aufgaben. Sie sollten

Witze bezüglich ihrer Wirkung einschätzen, sie mussten Logikaufgaben lösen und ebenso ein Grammatikquiz absolvieren. Da Dunning und Kruger vor diesen Aufgaben die Testpersonen befragt hatten, wie gut sie nach eigener Einschätzung vermutlich bei diesem Test abschneiden würden, fiel auf, dass Probanden, die besonders schlechte Ergebnisse erzielt hatten, sich in der Beurteilung ihrer Leistungsfähigkeit nicht, wie man vermuten möchte, durch besondere Bescheidenheit auszeichneten, sondern ihre Leistungsfähigkeit deutlich überschätzten.

Dieser, später als Dunning-Kruger-Effekt bezeichnete Zusammenhang, beschreibt die Tendenz, dass relativ inkompetente Menschen das eigene Wissen und Können überschätzen. Nun ist die Tendenz, sich für relativ klug oder gar weise zu halten, kein allzu selten auftretendes Phänomen. Die beiden Forscher Ursula Staudinger und Paul Baltes, die sich am Max Planck-Institut für Bildungsforschung mit Weisheit beschäftigt haben, kamen bereits Mitte der 1990er Jahre zu ähnlichen Ergebnissen. Die Versuchspersonen, die sich selbst eine hohe Weisheit zugesprochen haben, schnitten auf der von den beiden Forschern entwickelten Weisheitsskala eher schlecht ab. Einschätzung und Ergebnis waren negativ korreliert.

Wenn wir das Thema Weisheit aufgreifen, können wir gleich noch einen Schritt weiter zurückgehen. In Platons „Apologie des Sokrates" wird Sokrates mit dem berühmten Satz zitiert: „Ich weiß, dass ich nichts weiß." Während andere sich im Besitz von Wissen glauben, ist sich Sokrates seiner intellektuellen Grenzen bewusst. Ihm wird in diesem Kontext eine interessante Definition für Dummheit zugesprochen: Dumm ist ein Mensch genau dann, wenn er oder sie die eigenen Gewissheiten dahingehend überschätzt, sie für wahr zu halten. Wir sehen, es gibt bereits auf der intellektuellen Ebene gute Gründe für Bescheidenheit bezüglich der eigenen Erkenntnisfähigkeit. Die Illusion der Kompetenz ist eine Falle, in die Führende nicht allzu häufig tappen sollten. Gute unternehmerische Entscheidungen auf eine einzelne Person zurückzuführen, mag attraktiv erscheinen, erhöht aber nicht unbedingt die Erfolgswahrscheinlichkeit. Dieses personenzentrierte Denken wird den Anforderungen einer hoch komplexen Welt nicht gerecht und ist auf Dauer schlicht ungeeignet.

Bescheidenheit und Führung wurden lange nicht zusammen gedacht, geschweige denn gelebt. Die Gründe dafür sind vielfältig. Tue Gutes und rede darüber. Möglichst viel, sonst wird das nichts mit der Karriere. Zurückhaltung wird von machiavellistischen Kollegen als Schwäche interpretiert und erscheint im Spiel um Macht als Nachteil. Menschlichkeit wird als Schwäche diskreditiert. Nie werden wir den Top-Manager eines großen deutschen Konzerns vergessen, der noch vor einigen Jahren in einem vertraulichen Gespräch offenbarte, dass er seine Erkrankung nicht vor den Peers offenbaren dürfte, „sonst würden die wie eine Horde Wölfe über mich herfallen." Wie viel davon Befürchtung war und wie viel realistische Einschätzung der Kultur, lassen wir einmal außen vor. Fakt ist jedenfalls, dass selbst junge Führungskräfte bei diesem Thema vorsichtig werden. Kürzlich sprachen wir im Rahmen eines Workshops mit jungen Partnern einer Professional Service Firm über Bescheidenheit. Die spontane Reaktion: „Das muss man sich leisten können. Am Anfang der Karriere würde ich das nicht unbedingt empfehlen, aber wenn man sich einen bestimmten Status erarbeitet hat und seine Position gefestigt hat, dann ist Bescheidenheit sehr hilfreich in der Führung." Wie Sie sich vorstellen können, sehen wir das anders.

Das liegt unter anderem daran, dass wir die andere Seite in Unternehmen erleben dürfen. Denn es gibt sie wirklich, Führungskräfte, die sich jeden Tag dafür einsetzen, dass Menschen in ihrer Umgebung aufblühen und die darauf verzichten, dafür selbst gefeiert zu werden. Führungskräfte, die einen Unterschied im Leben von anderen machen wollen und nicht danach fragen, was sie dafür bekommen. Die nicht andere für ihre Selbstbestätigung brauchen, sondern gerade, weil sie über genügend Selbstbewusstsein verfügen, andere in den Mittelpunkt ihrer Aufmerksamkeit stellen. Wollen Sie eine solche Führungskraft sein? Für den einen oder die andere mag das alles nach übertriebener Selbstlosigkeit und damit mindestens naiv, wenn nicht gar äußerst befremdlich, klingen. Man kann allerdings die Perspektive wechseln, denn dann wird die Relevanz deutlicher. Wie wäre es, wenn Ihre Führungskraft so wäre? Würde Sie das inspirieren?

Wenn Ihre Antwort positiv ausfällt, würde uns das sehr freuen, denn genau das ist der Kern von Bescheidenheit: Die nicht gerade triviale Erkenntnis, dass es beim Thema Führung weniger um mich, die Chefin, den Chef geht, sondern darum, andere zu befähigen. Der Erfolg Ihrer Führung ist, genau genommen, nicht an Ihnen ablesbar, sondern ausschließlich an der Leistung der Menschen in Ihrer Umgebung. Jeder Ihrer Mitarbeiter entscheidet für sich, ob er oder sie die Extrameile geht und das Beste gibt. Führung ist Dienst am anderen und für den anderen. Die Frage lautet: Was kann ich für die Mitarbeiter tun und nicht, was dürfen die Mitarbeiter für mich tun?

„Es gibt sie wirklich, die Führungskräfte, die sich jeden Tag dafür einsetzen, dass Menschen in ihrer Umgebung aufblühen und die darauf verzichten, dafür selbst gefeiert zu werden."

Christian Kullmann verweist ganz explizit auf das Ethos des Dienens – „Als CEO bin ich der erste Diener des Konzerns." Für ihn beinhaltet Bescheidenheit vor allem auch die Dimensionen Respekt und Demut – und damit die Bereitschaft, sich auf den anderen wirklich einzulassen. Auch Edna Schöne hält „die Fähigkeit, sich zurückzunehmen" für ein ganz wesentliches Element der inspirierenden Führung. Sie beschreibt das Beispiel eines erfolgreichen Unternehmers, der seine Gäste mit herzlicher Höflichkeit empfängt, ein großer Zuhörer ist und als besondere Geste selbst den Tee nachgießt. „Er hat überhaupt keine Allüren, kann trotz seiner Macht Demut zeigen. Solchen Menschen möchte man gerne folgen."

„Wir brauchen mehr Bescheidenheit von unseren Führungskräften!", so ruft der Betriebsrat unter tosendem Applaus auf einer Belegschaftsversammlung. Gut gebrüllt Löwe, möchte man zurückrufen. Wenn damit aber nicht nur die monetäre Zurückhaltung bei Boni-Zahlungen gemeint ist, dann wird es schon etwas anspruchsvoller. Was umfasst Bescheidenheit denn nun wirklich? Aus unserer Sicht sind mindestens sechs Faktoren relevant. Jemand, der bescheiden ist,

- hat eine realistische, vermutlich eher zurückhaltende Einschätzung seiner selbst,
- drängt nicht danach, permanent im Rampenlicht stehen zu müssen, kann sich ohne Vorbehalte an der Leistung anderer erfreuen und sie würdigen,
- sorgt mit all seinen Möglichkeiten dafür, dass andere in seiner Umgebung wachsen können,
- ist bereit, von anderen zu lernen und Feedback anzunehmen und
- hat (noch) ein vitales Interesse, lernend unterwegs zu sein.

Gerade der letzte Punkt erscheint uns wesentlich zum Verständnis von Bescheidenheit. Es gibt Führungskräfte, die sind komplett – fertig mit sich. Wenn man mit ihnen über ihre sozialen Kompetenzen spricht, sagen sie: „Kann ich schon, bin ich schon, habe ich schon, weiß ich schon...", mit einem Wort, sie sind irritationsfrei. Sie lassen sich von nichts und niemanden mehr ernsthaft in Frage stellen. Selbstverständlich werden sie das so nicht zugeben, sondern eher auf Plattitüden zurückgreifen, nach dem Motto: „Man kann immer besser werden, nicht wahr?" Und die Art und Weise, wie sie es sagen, zeigt bereits, dass sie diese Sentenz auf andere beziehen und niemals auf sich selbst. Lernen oder Wachstum finden nicht mehr statt. Wer meint, alle Antworten zu kennen, stellt keine Fragen mehr.

Wir formulieren das so deutlich, weil diese Perspektive nach unserem Verständnis das komplette Gegenteil von Bescheidenheit ist. Daher fassen wir Bescheidenheit im Hinblick auf unsere Überlegungen wie folgt zusammen: Bescheidenheit ist eine Haltung, die auf der Erkenntnis beruht, selbst noch nicht fertig zu sein. Sie zeigt sich im Handeln dadurch, dass jemand von und mit anderen lernen will. Bescheidenheit ist eine bewusste Wahl, eine gewählte Selbstbeschränkung und nicht notgedrungen resultierend aus einer Einschränkung an Wissen und Können. Jürgen Weibler führt das weiter aus: „Bescheidenheit bedarf, will sie Wirkung entfalten (...), aber auch einer zugeschriebenen (fachlichen) Kompetenz auf Seiten der Führenden (...) und ist insgesamt kein Ausdruck einer defensiv gelagerten Handlungswahl." Bleibt noch die Frage, wer entscheidet, ob wir unseren Ansprüchen an Bescheidenheit genügen. Wir können uns zwar vornehmen, bescheiden zu sein, aber ob das zutrifft, entscheiden wir nicht selbst, sondern diese Zuschreibung erfolgt durch andere.

Bescheidenheit ist also kein kokettes Etikett, das wir uns mal eben so ankleben können. Es braucht Mut und genügend Selbstbewusstsein, um diesen kleinen Schritt zurückzutreten, damit andere den Raum füllen können. Führungskräfte, die noch einem heroischen Idealbild nacheifern müssen und eigene Unsicherheit über besonders durchsetzungsfähiges Auftreten kompensieren, werden Bescheidenheit nicht glaubwürdig vertreten können. Gern greifen wir die inspirierenden Ausführungen des Frankfurter Philosophen Martin Seel auf, der diesen Aspekt feinsinnig herausarbeitet: „Nicht diejenigen sind bescheiden, die sich vor sich selbst verstecken, sondern diejenigen, die sich vor anderen zurücknehmen können… Dies bedeutet nicht, dass man sich nicht hervortun sollte, sondern nur, dass man sich mit seinem Hervortun nicht hervortun sollte."

„Wer meint, alle Antworten zu kennen, stellt keine Fragen mehr."

Warum ist das aber für viele so schwierig? Weil unsere Wahl Richtung Bescheidenheit uns einlädt, einen kritischen Blick auf uns selbst zu werfen. Führung ist nicht nur Führen von anderen, sondern beginnt damit, dass wir zunächst lernen, uns selbst zu führen. Diese Form der Selbstbegegnung ist für nicht wenige mindestens ungewohnt. Bevor Sie jetzt befürchten, dass wir Sie mit einer breit angelegten tiefenpsychologischen Bohrung konfrontieren, möchten wir Sie einladen, einen gemeinsamen Blick auf nur eine Facette Ihrer Persönlichkeit zu werfen, Ihren Selbstwert. Der Selbstwert spielt für unser Thema Bescheidenheit, und auch darüber hinaus, eine nicht zu unterschätzende Rolle. Selbstwert oder Selbstwertgefühl beschreibt ein intrapsychisches Konstrukt, eine nicht von außen abhängige Bedeutung zu besitzen. Anders formuliert, ist Selbstwert Ihre Wertschätzung für sich selbst. Und genau hier liegt der Hase im Pfeffer.

Denn ganz so unabhängig, wie im idealen Selbstwert beschrieben, sind wir nicht von der Resonanz anderer. Wir schreiben uns den Wert nicht selbst zu, sondern überlassen das vielfach anderen. Mehr als wir uns das eingestehen wollen, sind wir abhängig davon, wie wir von anderen gesehen und behandelt werden. Je nachdem, was wir von unserer Umgebung rückgespiegelt bekommen, wird unser Selbstwert gestärkt oder gemindert. Deswegen sprechen Psychologen häufig von einem kontingenten Selbstwertgefühl. Der Selbstwert ist gerade nicht unabhängig, sondern an Bedingungen geknüpft. „Ich bin wertvoll, wenn..." und jetzt können Sie Beliebiges einsetzen. Beispielsweise: „...ich die richtigen Leute kenne, ich eine besondere Position oder Funktion innehabe, ich viele Likes erhalte oder ich schlicht genügend Aufmerksamkeit bekomme." Viele „soziale Spiele" in Unternehmen sind Spiele um Aufmerksamkeit. Sie dienen vorrangig der Inszenierung unserer Bedeutung und lenken uns von unserer Arbeit ab. Das hat Konsequenzen: Je mehr unser Selbstwert Aufmerksamkeit einfordert und wir dem nachgeben (abgesehen davon, dass unser Selbstwert immer mehr fordern wird), desto eher folgt, wie Ulrike Scheuermann es ausdrückt, „der Absturz in den Selbstwertkater." Also mehr davon, immer mehr. Das Spiel beginnt wieder von vorne.

„Von dem Geld, das wir nicht haben, kaufen wir Dinge, die wir nicht brauchen, um Leuten zu imponieren, die wir nicht mögen" – dieses Zitat aus dem Film „Fight Club" bringt den Teufelskreis, in den viele geraten, auf den Punkt. Abgesehen davon, dass dieses unstillbare Buhlen um Anerkennung uns zum Hampelmann der nächsthöheren Hierarchieebene macht, uns unfassbar viel Kraft und Energie raubt und völlig unproduktiv ist, geraten auf diese Weise die wichtigsten Menschen aus dem Blick – unsere Mitarbeiter. Also lassen Sie uns aufhören mit unproduktiven, selbstwertfördernden Spielen, lassen Sie wenigstens etwas Luft aus Ihrer Großartigkeit und treten Sie einfach ein wenig bescheidener auf. Als Anregung möge Ihnen ein einziger Satz dienen, der sowohl als Beispiel für Bescheidenheit als auch für Inspiration dienen kann.

Dieser Satz fiel am 9. Oktober 2015 vor großem Publikum. Einen Tag vorher hatte Jürgen Klopp das Premier-League-Team des Liverpool FC übernommen. In der Pressekonferenz einen Tag später verwies ein englischer Journalist auf José Mourinho, der sein erstes Engagement beim FC Chelsea im Juli 2004 mit der Selbstcharakterisierung „I'm a Special One" begann. Wie Klopp sich im Vergleich dazu selbst beschreiben würde? Seine Antwort: „Ich bin ein ganz normaler Kerl, komme aus dem Schwarzwald. Meine Mutter sitzt vielleicht gerade vor dem Fernseher, guckt diese Pressekonferenz und versteht kein Wort – aber sie ist sehr stolz." So weit, so gut. Doch dann legte er noch kurz nach: „I am the Normal One." Mit dieser einfachen, bescheidenen und humorvollen Geste hatte er sofort die Fans der Arbeiterstadt Liverpool auf seiner Seite. Er dämpfte klugerweise die Erwartung, dass Liverpool schnelle Erfolge einfahren würde. Gleichzeitig versprach er im weiteren Verlauf einen Titel innerhalb der nächsten vier Jahre. „Wenn nicht, nun, dann muss ein anderer ran... vielleicht ein Schweizer", und fiel dann in sein typisches herzhaftes Lachen.

Mit diesem Statement setzte Klopp einen erfrischenden Kontrapunkt zu Auftritten von José Mourinho. Was Trainer wie Mourinho oder van Gaal oberflächlich betrachtet offenbaren, ist ein nicht immer hilfreicher Umgang mit ihrer Rolle, speziell mit der ihnen anvertrauten Macht. Macht ist für viele Führende ein ungemein attraktives Thema, auch wenn der Begriff gern vermieden wird. Man spricht auf dem C-Level eher von Gestaltungsmöglichkeiten. Was also ist Macht? Greifen wir noch einmal auf Max Weber zurück. Er definiert Macht als „Chance, innerhalb einer sozialen Beziehung den eigenen Willen auch gegen Widerstreben durchzusetzen, gleichviel, worauf diese Chance beruht." Auf Grund von Macht können wir also Einfluss ausüben.

Nun bleibt in der Weberschen Definition offen, wie wir diese Macht ausüben. Natürlich wäre es leicht, sich auf seine potestas im Sinne von Positionsautorität zurückzuziehen und andere dazu zu zwingen, Dinge in meinem Sinne zu erledigen. Das ist die verführerische Seite der Macht. Als etablierte Führungskraft muss ich mich scheinbar nicht mehr bemühen, andere für meine Ideen zu gewinnen, es reicht völlig aus, dass ich etwas will. Sie hören diese Haltung in manchen Unternehmen mit folgenden Worten: „Frau oder Herr ... will das so!" Gemeint ist: Ende der Argumentation, Widerspruch zwecklos. Wir wollen nicht bestreiten, dass in besonderen (Krisen-) Situationen dieses Vorgehen Effizienzvorteile besitzt. Den Preis eines solchen ausgedehnten Machtgebrauchs ahnen wir aber sicher ebenso. Im schlimmsten Fall endet ein solches Regime in einer Angstkultur. It's my way or the highway!

Nun bringen es Top-Positionen meist mit sich, dass die Bestätigung ständig stattfindet. Es wird gemacht, was man sagt. Es steht immer jemand zur Verfügung, der sich kümmert. Wie oft sind Chefs sich bewusst, wie viele Terminkalender ihrer Mitarbeiter regelmäßig Makulatur werden, weil die Meetings mit dem Chef immer Priorität haben, egal wann und zu welchem Thema? Widerspruch äußert sich oftmals verklausuliert und vorsichtig, selbst wenn man ihn einfordert. Ein Kipppunkt für die Karriere sehr erfolgreicher Führungskräfte ist oftmals der Tag, an dem sie anfangen, diese Bestätigung zu glauben. Es wächst die Überzeugung, es ginge wirklich nicht ohne einen. Spätestens dann ist es Zeit, zu gehen. Es gibt aber Wege, sich die Bescheidenheit zu erhalten. Carina Kozole unterstreicht, wie wichtig es ist, den Kontakt zur eigenen Organisation nicht zu verlieren. „Immer wieder hingehen und vor Ort verstehen, was die eigenen Entscheidungen auslösen. Mit der Realität in Verbindung bleiben, und damit meine ich nicht Symbolhandlungen wie einmal im Jahr Müll einzusammeln. Sondern die Verbindung zu denjenigen zu erhalten, für die man Entscheidungen trifft."

Wir sollten uns gerade in Führungspositionen das Risiko bewusst machen, dass Macht Menschen mit der Zeit überheblich oder gänzlich abgehoben werden lässt. Solche Führungskräfte gehen davon aus, dass bestimmte Maßstäbe nur für andere, aber nicht für sie gelten. Sie glauben, a Special One zu sein. Und das kann zuweilen schneller passieren, als ihnen lieb ist. Es gibt ein interessantes Experiment der Stanford Psychologin Deborah Gruenfeld. Sie bildete mehrere Teams, die miteinander über kontroverse Themen diskutieren sollten. Per Los wurde einer der Probanden ausgewählt, um die Argumente der anderen zu beurteilen. Er bekam auf diese Weise etwas Macht gegenüber den Teammitgliedern. Dieses kleine Stück Macht reichte aus, eine erkennbare Verhaltensänderung zu bewirken. Als in der Abschlussrunde ein Teller mit Keksen gereicht wurde, griffen diejenigen, denen die Macht zugelost wurde, besonders beherzt zu und zeigten darüber hinaus weitere kleinere Überheblichkeiten. Abraham Lincoln wird der Satz zugesprochen: „Willst Du den Charakter eines Menschen erkennen, so gib ihm Macht."

Es wäre jedoch zu einfach, den korrumpierenden Einfluss der Macht vorschnell als persönliches Defizit einzuordnen. Wie ähnliche Untersuchungen zum Einfluss von Macht auf unser Handeln zeigen, ist niemand davor geschützt, sich über andere zu stellen. Wie kommt also eine gesunde Prise Bescheidenheit ins Spiel? Zum einen kann der institutionelle Rahmen des Unternehmens Checks and Balances entwickeln, um solche Fehlentwicklungen rechtzeitig zu erkennen. Im Jesuitenorden gilt beispielsweise das Prinzip, wer Macht an sich anstrebt, soll sie nicht bekommen. Es besteht die Gefahr des Machtmissbrauchs. Leider zeigt die Ordensgeschichte, dass selbst ein aufmerksamer Blick auf die Persönlichkeit nicht immer Fehlentwicklungen verhindert. Zum anderen hilft auf der individuellen Ebene Bewusstsein. Im Sinne eines Memento mori ist es klug, sich mit Menschen zu umgeben, die unser Handeln in guter Absicht kritisch reflektieren. Fragen Sie sich, wie viele Menschen in Ihrer Nähe Ihnen (noch) Ihre individuellen Grenzen aufzeigen? Wer aus Ihrem Freundes- und Bekanntenkreis bringt Sie auf den Boden, wenn die Gefahr des Abhebens droht? Aus unserer Erfahrung können einem gerade solche Menschen helfen, eine Haltung zu entwickeln, sich selbst nicht zu ernst zu nehmen. Irgendwann müssen wir uns alle in die Normalität des menschlichen Daseins einreihen. Je früher uns das gelingt, umso besser. „I am the Normal One" ist in dieser Perspektive nicht nur eine nette Pointe auf einer Pressekonferenz, sondern zeigt eine zutiefst humane Haltung.

Ein weiterer Faktor, um sich in Bescheidenheit zu üben, ist der Umgang mit den Grenzen des eigenen Wissens. Es gibt Führungskräfte, die in Rhetorik, der Kunst der Beredsamkeit, gestählt sind, und daher versuchen, im vorauseilenden Gehorsam einer allwissenden Rollenerwartung, sich zu allen möglichen Themen zu äußern, und das möglichst auch noch vorschnell. Abgesehen davon, dass dabei mitunter das Nachdenken zu kurz kommt, kann Innehalten einen bescheidenen Beitrag leisten, den Raum für andere zu öffnen. Oder, wenn Sie es konkret lieben: Einfach mal die Klappe halten und die Kunst der Denkpause für sich entdecken. Wer schweigen kann, hat zudem mehr Zeit zum Denken.

Im Hinblick auf eigene Grenzen ist es klug, sich zuweilen von anderen helfen zu lassen. Wir wissen allerdings aus unseren Beratungen, dass dies vielen Führungskräften nicht leicht fällt. Auf andere angewiesen zu sein oder Hilfe in Anspruch zu nehmen, kratzt am sorgsam gehegten, perfekten Image. Damit wird leider viel Potenzial für eigene Entwicklung verschenkt und kulturell das falsche Signal gesendet. Machen wir es praktisch: Fragen Sie sich einmal, wen Sie konkret nennen können, der erfolgreicher als Sie Vertrauen aufbaut, Konflikte klärt, weitsichtige Entscheidungen trifft, Menschen gekonnt überzeugt oder andere inspirierend führt. Wir hoffen, Ihnen fällt in Ihrer Umgebung die eine oder andere Person ein, von der Sie lernen könnten. Und nun stellen Sie sich einfach die Frage, wie oft fragen Sie mit Lerninteresse diese Personen: „Wie machst Du das eigentlich?“ Nicht nur lernen Sie dabei eine ganze Menge, sie schaffen zusätzlich eine stabilere Beziehung. Dieser als Benjamin-Franklin-Effekt bekannt gewordene Mechanismus wurde in einer japanischen Studie bestätigt (Yu Niiya). Teilnehmer an dieser Studie mochten die Probanden eher, wenn diese sie um Hilfe baten. Aktuell wird daran geforscht, was genau die

Treiber sind, aber das sollte Sie nicht davon abhalten, andere von Zeit zu Zeit um Hilfe zu bitten. Es gibt kaum einen Menschen, von dem wir nicht irgendetwas lernen können.

Folgende Anregungen können helfen, sich dem Thema Bescheidenheit zu nähern:

Praktizieren Sie Alterozentrik statt Egozentrik

Fangen wir mit dem bekannten Teil an, der Egozentrik. In seinem Buch „Ego is the Enemy" beschreibt Ryan Holiday die dunkle Seite des Selbstwertgefühls (Ego) anhand zahlreicher Beispiele. Gerade die Egozentrik, auch Selbstbezogenheit, fördert eine Einstellung, sich anderen gegenüber als überlegen zu sehen. Obwohl exakt dieses Phänomen bei vielen erfolgreichen Menschen deutlich ausgeprägt zu sein scheint, widerspricht Holiday vehement der Vorstellung, dass Egoismus notwendiger Bestandteil des Erfolgs ist. Das Gegenteil ist richtig. Er belegt, dass diese Selbstbezogenheit viel häufiger in den Misserfolg führt und Menschen nur dann Erfolg haben, wenn sie in der Lage sind, ihre egozentrischen Impulse zu kontrollieren. Damit können wir zum anderen Teil kommen. Sollten Sie über das Wort Alterozentrik stolpern, dann sind Sie in guter Gesellschaft. Alterozentrik ist das im öffentlichen Diskurs verloren gegangene Pendant zur Egozentrik. Alterozentrik bezeichnet die Bereitschaft, von eigenen Bedürfnissen, Erwartungen, Interessen abzusehen und vom anderen, vom Mitarbeiter aus zu denken. Das ist nicht selbstlos, sondern unentbehrlicher Beitrag, um die Leistung anderer zu ermöglichen. Man könnte auch sagen: Das ist Führung.

Kennen Sie die Bedürfnisse, Erwartungen und Interessen jedes einzelnen Mitarbeiters? Warum glauben Sie, dass Sie sie kennen? Bestimmt dieses Wissen Ihr Handeln im Alltag?

Schwächen zugeben können, statt immer stark sein zu müssen

Es war ein Abschied, der viele sehr berührt hat. Im Januar 2022 hat Max Eberl in aller Öffentlichkeit und unter Tränen seinen Rücktritt als Sportdirektor und Geschäftsführer von Borussia Mönchengladbach erklärt: „Die Person Max Eberl ist erschöpft. Ich bin müde. Ich will raus." Es tue ihm leid, aber er habe keine andere Wahl: „Ich kann nicht mehr." Die ausnahmslos positiven Reaktionen machen deutlich, es ist mittlerweile kein Zeichen von Schwäche, sich auch einmal verletzlich zu zeigen. Das Gegenteil ist richtig. Es braucht Courage, eigene Unvollkommenheit mit anderen zu teilen. Es braucht Mut, Überforderung zu thematisieren. Es braucht genügend Selbstvertrauen, seine schwache Seite zu zeigen. Die Forschung untersucht dieses Thema unter dem Stichwort „Vulnerability" bereits länger und zeigt, dass Führungskräfte, die sich auch verletzlich zeigen, mit einer höheren Identifikation der Mitarbeiter rechnen können. Allerdings werden Sie sicher bemerkt haben, dass wir unseren Überlegungen gewisse Einschränkungen hinzugefügt haben. Das hat Gründe. Zum einen kommt es auf die Frequenz an. Immer verletzlich ist auch ganz schön larmoyant. Zum anderen sollte das Offenbaren nur der erste Schritt sein. Eine bräsige Haltung im Sinne von „so bin ich halt" ist nicht unbedingt Beleg dafür, dass wir noch unterwegs sind und die Bereitschaft haben, an uns zu arbeiten. In diesem Fall geht es nicht um reflektierte Bescheidenheit, sondern um sich rechtfertigende Bequemlichkeit.

Es lohnt sich, darüber nachzudenken, wer Sie in Ihrem beruflichen oder privaten Umfeld in den letzten Monaten mit seinen Schwächen oder seiner Erschöpfung konfrontiert hat. Die Corona-Pandemie, der Krieg in der Ukraine, all das mag dazu einen Beitrag geleistet haben. Und jetzt fragen Sie sich aufrichtig, ob diese Form gezeigter Verletzlichkeit Sie in Ihrer Wahrnehmung oder Achtung der anderen Person gegenüber negativ beeinflussen würde?

Legen Sie den Fokus auf eigene statt auf fremde Fehler

Ja, wir wissen, dass es in einigen Häusern immer noch ein Tabu ist, Fehler offen zu benennen. Aber in einem werden Sie uns hoffentlich zustimmen: Keiner ist perfekt. Auch Sie sind es leider nicht. Die gute Nachricht ist, dass Ihre Performanz als Führungskraft nicht davon abhängt. Inspiration entsteht nicht durch Perfektion, die in allen Lebenslagen geschmeidig gezeigt wird. Und weil das so ist, möchten wir Sie ermutigen, eigene Fehler einzugestehen und Verantwortung zu übernehmen für das, was Sie entschieden oder getan haben – ohne, dass Sie sich mit Schuldgefühlen quälen. Machen Sie sich klar: Es gibt kein erfolgreiches Leben ohne Fehlschläge. Wir irren uns vorwärts. Verzichten Sie daher auf eine Tipptopp-Tadellos-Haltung und den Nimbus der Unfehlbarkeit. Jede Investition in das gepflegte, glatte Image nach außen ist eine Investition in das eigene Gefängnis. Stehen Sie zu Ihren Fehlern und verzichten Sie darauf, Fehlschläge mit dem Verhalten anderer zu legitimieren. Noch einmal Jürgen Klopp, als er mit den Reds gegen Brighton mit 0:3 untergegangen ist: „Es ist absolut meine Verantwortung, weil ich eine Idee mit einer anderen Formation hatte. Das hat einfach nicht funktioniert. Also, Entschuldigung!“ Kein Rumgeeiere, keine Ausflüchte, kein Verschiebebahnhof Richtung Schiedsrichter, sondern eine klare Abrechnung mit sich selbst.

Was ist Ihr „Lieblingsfehler“? Aus welchen Irrtümern haben Sie in Ihrem Leben am meisten gelernt? Sprechen Sie darüber doch einfach mal mit Ihren Mitarbeitern. In der Startup-Szene sind solche Formate schon seit Jahren als FUN bekannt, Fuckup-Nights. Unternehmensgründer berichten von ihren Misserfolgen und vor allem davon, was sie daraus gelernt haben. Das Prinzip: Schöner scheitern. Zuweilen sind unsere Fehlschläge erfolgreicher als unsere Erfolge. Sie helfen uns beim Lernen.

10

Wachstum

Sie unterstützen andere in ihrer Entwicklung

The joy of leadership comes from seeing others achieve more than they thought they were capable of.
Simon Sinek

Was ist Führung? Keine Sorge, wir werden Sie jetzt nicht mit unzähligen Angeboten quälen. Wir bieten Ihnen mit Blick auf unsere Überlegungen eine schlichte, pragmatische Antwort an: Führung ist die Summe Ihrer Kontakte mit Ihren Mitarbeitern. Sie können das auch umdrehen. Jeder Kontakt mit Ihren Mitarbeitern ist Führung, ob Sie wollen oder nicht. Jeder dieser Kontakte ist für Mitarbeiter ein seismografisch wahrgenommenes Signal, ob die Führungskraft es gut mit ihnen oder eher gut mit sich selbst meint. Cicero hat in einer Verteidigungsrede den Ausspruch geprägt: Cui bono? Wem zum Vorteil? Wem nützt meine Handlung: mir oder anderen? Optimiere ich mich in erster Linie selbst oder optimiere ich andere?

Wir durften vor einigen Jahren einem sehr erfahrenen und professionellen Personaler begegnen, der bei der Rekrutierung neuer Führungskräfte großen Wert darauf gelegt hat, dass Führende ihre Arbeit als Dienst am anderen verstehen. Im Sinne des Aphorismus „hire for attitude – train for skills" hatte er ein waches Auge auf die Haltung der Kandidaten. Nebenbei sei gesagt, dass dieser Aphorismus dem bereits erwähnten Herb Kelleher zugeschrieben wird, dem die Einstellung der Leute enorm wichtig war: „Wir werden sie in allem schulen, was sie tun müssen; aber das Einzige, was Southwest an den Menschen nicht ändern kann, sind inhärente Einstellungen." Wir werden diesen Gedanken später noch aufgreifen. Kehren wir zu unserem, wie man es heute formuliert, People and Culture Manager zurück.

Während des Bewerbungsgespräches fragte er die Kandidaten nach Beispielen, wo sie andere unterstützt haben, zu wachsen und sich zu entwickeln. Dabei hakte er mehrfach nach und ließ sich im Detail erläutern, wie und in welcher Form diese Unterstützung stattgefunden hat. So weit so normal. Dann wurde es langsam interessant. Irgendwann fragte er: „Was hat es Sie persönlich gekostet, an Aufwand, an Zeit, um diese Menschen in ihrer Entwicklung zu begleiten?" Das war für die Kandidaten schon nicht mehr so entspannt zu beantworten. Bei einigen wurde deutlich, dass der Aufwand sehr überschaubar war. Aber am meisten hat uns die Schlussfrage nachdenklich gemacht: „Und wie viele dieser von Ihnen geförderten Menschen haben Sie in Ihrer Karriere überholt, sind an Ihnen vorbeigezogen?" Weil wir von dieser Frage so begeistert sind, noch einmal: Wen haben Sie in Ihrer Karriere an sich vorbeiwachsen sehen, weil sie Potenziale und Fähigkeiten hatten, die Sie nicht hatten? Und dabei sogar Freude empfunden haben?

Sie merken, hier geht es um eine ganz besondere Herausforderung. Inspirierende Führungskräfte sehen es als eine ihrer wichtigsten Aufgaben an, eine Atmosphäre und eine Umgebung zu schaffen, in der ihre Mitarbeiterinnen und Mitarbeiter sich weiterentwickeln wollen und können. Es geht darum, dass Führungskräfte viel Energie aufbringen, um ihren Leuten Möglichkeiten für individuelle Erfahrungen anzubieten, sie dabei unterstützen, ihre Talente einzusetzen, sich zu bewähren und voranzukommen. Vielleicht sogar Freude darin zu finden, fremde Potenziale zu entfalten, von denen Sie anfangs noch gar nichts ahnten und von denen die Mitarbeiter gar nicht wussten, dass diese Begabungen in ihnen schlummerten. Neven Subotić, unter anderem Spieler bei Borussia Dortmund, bringt das in seinem Buch wunderbar auf den Punkt: „Kloppo gibt dir das Gefühl, besser, schneller und stärker zu sein als du bist. Er feiert dich, sodass es dir vorkommt, dein Trainer sei dein größter Fan." Das inspiriert: Menschen, die an uns und unsere Talente glauben, selbst wenn wir zweifeln.

Los geht es mit der Entwicklung in aller Regel mit der Suche nach und besonders dem Auswählen von Talenten. Da beginnt bereits die erste Herausforderung. Nicht selten wird diese Tätigkeit an den People & Talent Bereich delegiert. Das hat den unbestreitbaren Vorteil, sich hinterher als Opfer der Umstände exkulpieren zu können: „Ich habe die Leute nicht ausgewählt, wie soll ich mit denen die Ziele erreichen und sie entwickeln?“ Gestatten Sie uns eine Randbemerkung: Sie entwickeln gar nichts. Jeder kann sich selbst (weiter-)entwickeln, aber dieser Prozess geschieht immer aus eigenem Wollen. Als Führungskraft können Sie anbieten, was Sie wollen, die Entscheidung, ob die Angebote angenommen werden, treffen ausschließlich Ihre Mitarbeiter.

Personalauswahl ist Führungsaufgabe. Diese Verantwortung wird Ihnen hoffentlich keiner abnehmen und Sie sollten sie sich auch nicht abnehmen lassen. Natürlich werden wir Ihnen nicht vorgaukeln, dass es eine leichte Aufgabe wird, aber mit dieser Wahl treffen Sie eine wesentliche Entscheidung für oder gegen den Erfolg Ihres Teams. Fehler bei der Auswahl Ihrer Teammitglieder werden Sie schneller bereuen, als es ihnen lieb ist. Wir betonen das so deutlich, weil wir immer wieder in Coachings damit konfrontiert werden.

Führungskräfte berichten von Schwierigkeiten mit einzelnen Mitarbeitern und es stellt sich nach kurzer Zeit heraus, dass sie die Mitarbeiter selbst eingestellt haben. Auf Nachfrage wird deutlich, die Signale waren offensichtlich, aber: Sie wurden ignoriert. „Wir brauchten dringend jemand und dachten, das wird sich schon einspielen…“. Nein, wird es nicht. Ignorieren Sie diese Signale nicht und vermeiden Sie Kompromisse bei der Personalauswahl. Es mag inspirierend sein, wenn Sie Ihr Team in diesen Prozess miteinbeziehen. Zum einen ist Ihnen das Votum Ihres Teams wichtig und zum anderen erhöht dieser Prozess die Bereitschaft, nicht gleich bei ersten Schwierigkeiten die Flinte ins Korn zu werfen.

Wenn ich an der Entscheidung beteiligt war, wird es zumindest schwieriger, die Schuld einseitig bei anderen zu suchen.

Ist die Entscheidung, mit wem Sie sich auf die Reise machen, gefallen, werden Sie mit der nächsten Herausforderung konfrontiert. Welchen sinnvollen Beitrag können Sie als Führungskraft überhaupt leisten, damit andere ihren eigenen Weg finden? Wir nähern uns dabei dem Kern von Inspiration. Es gab in unserer Welt Menschen, die uns zu dem gemacht haben, wer wir sind. Als soziale Wesen sind wir zu einem Gutteil all die Begegnungen in unserem Leben, die wir mit anderen Menschen hatten. Speziell in Krisenzeiten hatten wir hoffentlich Menschen in unserer Nähe, die sich für uns Zeit genommen haben, die uns einen Austausch auf Augenhöhe angeboten haben, die uns neue Perspektiven vermittelt haben, die uns unterstützt haben, Dinge klarer zu sehen und uns letztlich geholfen haben, wichtige Entscheidungen zu treffen. Man könnte auch sagen, Menschen, die es gut mit uns meinen. Nicht aus einer strategischen Absicht, sondern weil wir ihnen wichtig sind.

Um Ihnen das aus unserer Sicht zentrale Prinzip zu verdeutlichen, greifen wir auf einen Superhelden und seinen besten Freund zurück. Nein, nicht Captain America. Unser Superheld der griechischen Mythologie wird von Homer in 12.200 Hexameterversen eindrücklich beschrieben: Odysseus, König der Insel Ithaka. Bevor Odysseus aufbricht, um an der Seite Agamemnons in den Trojanischen Krieg zu ziehen, bittet er seinen Freund Mentor, sich um seine Frau Penelope und vor allem seinen Sohn Telemachos zu kümmern. Mentor war für Odysseus ein Freund mit großer Weisheit und Erfahrung, also prädestiniert, um Telemachos auf seinem Weg zu begleiten. „Erzähle ihm alles, was du weißt", soll die Bitte gewesen sein. Dieser Hintergrund wird gern verwendet, wenn in Unternehmen Mentorship eingeführt wird, um ein erstes Verständnis von Mentor und Mentee zu vermitteln.

Wenn man die Rolle, die Mentor für Telemachos eingenommen hat, von der eines väterlichen Vormunds mit Lebensvorsprung etwas ablöst, tritt das Wesentliche hervor. Eine Beziehung, die freundschaftlichen Charakter hat und von tiefem wechselseitigen Respekt gekennzeichnet ist. Jürgen Klopp formuliert das wie folgt: „Ich bin der Freund meiner Spieler, aber ich kann nicht ihr bester Freund sein." Gehen wir noch einen Schritt weiter, sprechen wir von Liebe, nicht verstanden im erotischen Sinne, sondern als unbedingte Zuwendung und Geborgenheit. Ohne diesen Treibstoff eines aufrichtigen Interesses am anderen findet keine Entwicklung statt. Von Aristoteles wird berichtet, dass er einen Schüler schon nach wenigen Tagen mit der Begründung nach Hause schickte: „Ich kann ihm nichts vermitteln, er liebt mich nicht."

Sie haben recht. Mit Liebe bewegen wir uns im unternehmerischen Kontext auf ungewohntem Parkett. Brechen wir trotzdem eine Lanze für diesen Begriff, bevor wir uns wieder auf gewohntes Terrain begeben. Zur Unterstützung greifen wir auf Karl Schlecht zurück. Besagter Karl Schlecht hat in jungen Jahren eine Feststoffpumpe entwickelt, mit der es möglich ist, über weite Strecken und große Höhen Beton zu pumpen. Das entsprechende Unternehmen heißt Putzmeister, wurde 2012 an den chinesischen Baumaschinenkonzern Sany Corp. verkauft und ist mit über einer Milliarde Euro der weltgrößte Hersteller von Betonpumpen. Wir hatten das Vergnügen, Karl Schlecht im Rahmen einer Workshopreihe für gestandene Manager eines großen schwäbischen Automobilherstellers kennenzulernen. Er hielt einen Vortrag und begann sehr früh darüber zu sprechen, worum es seiner Meinung nach im Unternehmen, ach, im Leben überhaupt, geht: Liebe.

Sie können sich die Gesichter der anwesenden Manager, jeder von ihnen hatte mehrere Millionen Euro Umsatzverantwortung, vorstellen. Dummerweise sprach hier nicht ein Berater über esoterische Konzepte, sondern ein nicht gänzlich erfolgsfreier Mittelständler, einer der sogenannten Hidden Champions, und las den Führungskräften die Leviten. „Macht Euch doch nichts vor, jeder von euch will geliebt werden. Darum geht es und um nichts anderes." Das war starker Tobak, aber Karl Schlecht vertrat seine Position glaubwürdig und überzeugend. Wir sprachen im letzten Kapitel bereits darüber, dass viele Spiele in Unternehmen Spiele um Aufmerksamkeit sind. Ersetzen Sie den Begriff Aufmerksamkeit durch Anerkennung und Sie sind wieder ganz nah bei Karl Schlecht. Wenn Sie es ohne Liebe haben wollen, gern. Wir bitten Sie herzlich, sich den folgenden Satz anzustreichen: Die Qualität der zwischenmenschlichen Beziehung ist der Schlüssel für Wachstum, menschlich und unternehmerisch. Und nicht nur das, sondern auch der Schlüssel für Inspiration.

Warum gibt es zahlreiches „Quiet Quitting", der Rückzug auf die Arbeit innerhalb der Stellenbeschreibung, aber diesmal von High Performern, die auf die berühmte Extrameile verzichten? Bei aller Vorsicht gegenüber (vor-) schnellen Urteilen und multikausalen Zusammenhängen scheint vieles auf die Wahrnehmung hinauszulaufen, dass sich Menschen bei der Arbeit nicht (mehr) respektiert fühlen. „I am not going to f...... kill myself over a job that doesn't care about me as a human being", so bringt der TikTok User hunterkaimi das Gefühl einer ganzen Generation auf den Punkt. Klarer geht es nicht. Viele wünschen sich eine Kultur, in der man sich gegenseitig unterstützt, in der Entwicklung stattfindet und in der es möglich ist, Mensch sein zu können – nicht das Durchsetzen im Haifischbecken. Rational ist jedem von uns klar, dass wir ersetzbar sind. Niemand will allerdings als austauschbare Größe von seiner Chefin oder seinem Chef gesehen und behandelt werden. Bezahlung als Trostpflaster reicht nicht mehr, denn für viele der GenZ lautet die Kernbotschaft: „Arbeit ist nicht dein Leben und definiert nicht deinen Wert als Mensch."

Mitarbeiter sehnen sich danach, als Menschen gesehen zu werden. Viele Kündigungen, in welcher Form auch immer, sind Beziehungsaussagen. Was Sie Ihren Mitarbeitern auf ihrer Entwicklungsreise bieten können, sind keine technokratischen Programme, sondern Ihre persönliche Aufmerksamkeit, Ihr Interesse an ihrem Weg. Führung von Menschen ist immer Beziehung. Fragen Sie sich, bei welcher Lehrerin oder welchem Lehrer Sie am meisten gelernt haben. Gehen wir von einem annähernd ähnlichen Kompetenzniveau der Beteiligten aus, war vermutlich das Beziehungsgeschehen der treibende Faktor. War er oder sie an unserer Individualität interessiert oder kam es darauf an, dass wir als Schüler funktionierten? Waren wir ihr oder ihm wichtig? Wichtig meint hier eine personale und keine funktionale Beziehung. Erst wenn diese Voraussetzung erfüllt war, haben wir uns für den Lehrstoff interessiert, erst dann waren wir bereit, zuzuhören, erst dann entstand ein produktiver Austausch, erst dann war unsere Begeisterung für die Inhalte geweckt. Ganz so, wie es der Englischlehrer John Keating im „Club der toten Dichter" schaffte.

> *„Die Qualität der zwischenmenschlichen Beziehung ist der Schlüssel zu Wachstum, menschlich und unternehmerisch."*

Lassen Sie uns zwei Aspekte nachdrücklich betonen. Die beschriebene Zuwendung, das Interesse am anderen, ist nicht nur Mittel im Führungsprozess, sondern zugleich auch implizit eines seiner Ziele. Nur da, wo eine herzliche, warme

Beziehung entsteht, wächst das Vertrauen, das Führung überhaupt legitimiert und gemeinsame Wege ermöglicht. Erst kommt die Beziehung und dann kommt die Entwicklung. Andererseits darf die so entstandene Beziehungsqualität nicht auf eine Form von Abhängigkeit hinauslaufen. Das Ziel aller Führung bleibt bestehen: die Selbstführung.

Bei alledem ist es nur natürlich, dass man manche Menschen mehr mag als andere. Vielleicht wegen gemeinsamer Erfahrungen, gemeinsamer Ansichten, oder einfach nur aus Sympathie. In aller Regel wird man sich auch nicht alle aussuchen können, mit denen man arbeitet. Das macht allerdings nichts, denn Interesse am Wachstum anderer ist nicht zu verwechseln mit Freundschaft. Aber eben auch nicht zu schaffen mit kühler Funktionsdenke. Im Coaching gibt es ein ganz entscheidendes Prinzip, mit dem der professionelle Coach seinem Coachee gegenübertritt: „genuine positive regard“, sinngemäß vielleicht am besten übersetzt als „vorbehaltloses Wohlwollen.“ Heißt: Ich bin daran interessiert, dass es Dir gut geht. Das ist etwas anderes als: Ich bin daran interessiert, dass du gute Arbeit leistest. Ersteres ist die Voraussetzung für Letzteres, umgekehrt funktioniert es nicht, jedenfalls nicht auf Dauer.

Was folgt daraus für Sie als Führungskraft? Seien Sie mit Ihrer Aufmerksamkeit großzügig. Ja, wir wissen, Sie haben hunderte Sachen auf Ihrem (virtuellen) Schreibtisch und kaum Zeit für… Und genau deshalb ist es für Ihre Mitarbeiter der nachdrücklichste Beleg, dass sie Ihnen wichtig sind. Seien Sie präsent, auch wenn es Sie etwas kostet. Suchen Sie den Dialog und bieten Sie ihn an. Der beste Weg zum Selbst entsteht im Dialog mit anderen. Nur so erfahren Sie etwas über Ihre Mitarbeiter. Es ist Ihre Aufgabe als Führungskraft, die Begabungen, die besonderen Fähigkeiten Ihrer Mitarbeiter zu erkennen und

Bedingungen zu schaffen, in denen sie zur Geltung kommen können – zum Nutzen des Unternehmens und zur Entwicklung der Menschen. Dabei macht sich Beharrlichkeit bezahlt. Stellen Sie sich einmal vor, wie unsere Tage am Ende unseres Lebens aussehen könnten, wenn wir jeden Tag daran arbeiten, uns selbst und andere besser zu machen.

Haben Sie zureichend verstanden, was die Begabungen Ihrer Mitarbeiter sind, dann lassen Sie sie machen. Ohne Chancen zur Bewährung findet keine Entwicklung statt. Das mag trivial erscheinen, aber vielfach werden Talente mit ihren Ideen und Vorstellungen schlicht nicht gehört. Gefragt nach seinem eigenen Weg an die Spitze sagt Joachim von Schorlemer: „Auch Glück gehört dazu. In manchen wichtigen Situationen hatte ich Vorgesetzte, die an mich glaubten, mir Chancen gaben und mich entsprechend gefördert haben.“ Je höher in der Hierarchie, desto größer der Einfluss auf die Arbeitsergebnisse und damit den Erfolg des Unternehmens. Aber nicht, weil man alles besser kann oder weiß, sondern weil man darüber entscheidet, ob eine Atmosphäre herrscht, in der sich die bessere Idee auch durchsetzen kann. Für Christian Kullmann ist die oberste Prämisse: „Widersprechen Sie! Ich werde als Chef nicht besser, wenn mir niemand widerspricht.“ Ihm ist dabei sehr wichtig, nicht nur auf die Hierarchie zu schauen: „Ich schaue nicht auf die Schulterklappen. Wer nur nach Hierarchie geht, verschenkt Potenzial. Wenn es neben einem guten Plan noch einen besseren gibt, dann nehmen wir den, auch wenn er in der Hierarchie weiter unten entstanden ist.“ Michael Diederich drückt es so aus: „Führungskräfte müssen akzeptieren, dass andere bessere Ideen haben.“

„Widersprechen Sie! Ich werde als Chef nicht besser, wenn mir niemand widerspricht.“

Diese Haltung dient nicht nur dem Wachstum des Unternehmens, sondern auch dem persönlichen Wachstum der Mitarbeiter. Gibt es eine bessere Form der Anerkennung als die zu wissen, „Ich werde gesehen und gehört. Meine Vorschläge werden ernstgenommen.“, und vom Chef zu hören, „Das kannst Du besser als ich“?

Viele unserer Gesprächspartner weisen darauf hin, dass es nicht einfach ist, im Unternehmen eine Umgebung zu schaffen, die persönliches Wachstum ermöglicht. Zu fordern, dass jeder sagen soll, was er denkt, reicht jedenfalls nicht. Christian Kullmann zitiert ein lateinisches Sprichwort: „Verba docent – exampla trahunt. – Worte belehren, Beispiele reißen mit.“ Ideen aufzugreifen und umzusetzen, gleichgültig, von wem sie kommen, ist ein sehr gutes Beispiel, worauf es ankommt. Es gibt wirksame Techniken der Gesprächsführung, die es den Beteiligten ermöglichen, persönlich zu wachsen. Aus Sicht der Führung gehört dazu zunächst, zuzuhören und die Beiträge der Teilnehmer ernst zu nehmen. Nicht zu unterbrechen. Aufmerksam und konzentriert zu bleiben. Nicht selbst am Schluss die Ergebnisse zusammenzufassen, sondern dies einem Kollegen überlassen. Und – so banal und so unendlich oft missachtet – sich nicht mit den Ergebnissen anderer zu schmücken.

Auch in Großkonzernen mit sehr etablierten Hierarchien spricht es sich schnell herum, wenn es in bestimmten Abteilungen plötzlich anders läuft. Jeder eine Stimme hat. Ernstgenommen wird. Persönliches Interesse spürt. Entwicklung heißt, das Werden des anderen wollen. Diesen Prozess des Wachsens mit allem, was Ihnen gegeben ist, zu unterstützen, kann eine ungemein erfüllende Aufgabe sein. Freude, wenn andere an Ihnen und mit Ihnen wachsen. Und wenn Sie noch nicht genau wissen, wo es hakt, warum jemand den nächsten Schritt nur sehr vorsichtig geht, hilft manchmal eine simple, praktische Frage: „Was kann ich tun (oder vielleicht lassen), um zu deinem Erfolg beizutragen?"

Folgende Anregungen können helfen, sich dem Thema Wachstum zu nähern:

Lassen Sie andere an Ihrer eigenen Entwicklung teilhaben

Es reicht nicht, eine Position zugesprochen zu bekommen, man muss in seiner Rolle auch von anderen anerkannt werden. Damit Ihre Mitarbeiter Sie als ihre Führungskraft nicht nur hinnehmen, sondern auch akzeptieren, ist es wichtig, diese Rolle glaubwürdig auszufüllen. Das wird nicht gelingen, indem Sie Ihre Rangabzeichen und das hierarchische Gefälle betonen, sondern dadurch, dass Sie einerseits zeigen, was Sie können, andererseits aber auch eingestehen, wo Sie an Ihre Grenzen kommen. Machen Sie den Menschen in Ihrer Umgebung deutlich, dass Sie selbst lernend unterwegs sind. Sprechen Sie darüber, wann und wie Sie lernen und lassen Sie andere an Ihren Erkenntnissen teilhaben. Geben Sie zu, wenn Sie von etwas keine Ahnung haben und überspielen Sie Unkenntnis nicht mit einem lautstarken Warmluftgebläse. Zeigen Sie, dass Sie mit Kritik konstruktiv umgehen und dass Sie tatsächlich noch irritationsfähig sind. Gabor Steingart hat das in seinem Pionier Briefing einmal treffend beschrieben: „Nach dem Mindestlohn sollten wir nun eine Mindestlernbereitschaft einfordern - und zwar von denen, die Arbeit anbieten. Von den Arbeitgebern. Vom Firmenchef. Vom Abteilungsleiter." Kurz: Bleiben Sie neugierig - ein

Leben lang. Dann können sich andere in ihrer eigenen Entwicklung ein Stück von Ihnen inspirieren lassen. Noch einmal Jürgen Klopp: „Ich nehme mir das Recht heraus, auch heute noch Fragen zu haben; bin aber schlau genug, um die richtigen Leute um mich herum zu versammeln, die bessere Antworten haben als ich."

Was haben Sie in den letzten Monaten Neues gelernt – fachlich oder menschlich? Generische Antworten nach dem Motto: „Lernt man nicht jeden Tag etwas hinzu?" meinen wir jetzt natürlich nicht. Sprechen Sie mit Ihren Mitarbeitern darüber? Haben Sie in einem der letzten Meetings eine neue Erkenntnis, die Sie gewonnen haben (egal auf welchem Weg), eingebracht? Wie häufig fragen Sie andere mit Lerninteresse: „Erzähl mal, wie hast Du das gemacht?"

Geben Sie Ihren Mitarbeitern die Möglichkeit, Erfahrungen in unterschiedlichen Rollen zu sammeln

Man entwickelt sich nicht weiter, wenn man immer nur das Gleiche tut. Irgendwann kennt man sich mit einem Verantwortungsbereich aus und hat alles erlebt, was so vorkommen kann. Spätestens dann besteht die Gefahr, in Routine zu versinken. Man hat dann keine wirkliche Freude mehr an dem, was man tut. Ausgenommen das wohlige Gefühl der Sicherheit, auf alle Fragen die richtige Antwort zu haben. Zuweilen wird das als die 3-5-7-Regel beschrieben. Drei Jahre braucht es, um in einer neuen Funktion anzukommen, die Menschen, Abläufe, Aufgaben kennenzulernen. Nach drei Jahren ist man eingespielt, Ergebnisse und Erfolge werden sichtbar. Ab dem fünften Jahr kann es zur Stagnation und zur beschriebenen Routine kommen. Spätestens dann, und das ist zuweilen das verflixte siebente Jahr, ist es Zeit, neue Erfahrungen zu machen und neue Seiten an sich selbst zu entdecken. Das alles gilt nicht nur für Sie, sondern auch für Ihre Mitarbeiter.

Lassen Sie Ihre Mitarbeiter neue Rollen ausprobieren oder Rollen tauschen. Unternehmen bieten dafür häufig sogenannte Hospitationsprogramme an. Sprechen Sie anschließend ausgiebig mit ihnen darüber, was sie in der neuen Rolle erlebt und über sich herausgefunden haben. Achten Sie dabei besonders auf Stärken und benennen Sie diese klar, sodass sie sichtbar werden.

Ausreichend Feedback geben, statt Mitarbeiter im eigenen Saft schmoren zu lassen

Zwischen Selbst- und Fremdbild von Mitarbeitern klaffen zuweilen erhebliche Lücken. Seien Sie daher ein aufmerksamer Beobachter, nicht Kontrolleur, Ihrer Mitarbeiter. Genau wie Trainer, die mit ihren Spielern jeden Tag auf dem Platz sind und sehen, was sie tun und vor allem, wie sie es tun. Das ist die Grundlage für das „Breakfast der Champions", wie Feedback gern genannt wird. Untersuchungen zeigen, dass es aber genau daran hakt. Wir bekommen insgesamt zu wenig und im Speziellen zu wenig gehaltvolles Feedback. Leider läuft es zu oft immer noch nach dem Motto: Wenn Sie nichts hören, ist alles in Ordnung. Das liegt in etwa auf dem Niveau von: „Schatz, ich habe Dir zur Hochzeit gesagt, dass ich Dich liebe. Sollte sich daran zwischendurch etwas ändern, erfährst Du es als Erste." Gehaltvoll meint, nicht mit Allgemeinplätzen abgespeist zu werden. „Passt schon" ist kein Feedback, sondern Ausdruck, dass man sich nicht wirklich für den anderen interessiert. Und bleiben Sie nicht auf der Ebene der Diagnose. Machen Sie ein konkretes Angebot, wie der Feedbacknehmer ein kleines Stück weiterkommt.

Sprechen Sie mit Ihren Mitarbeitern offen darüber, ob sie mit Frequenz und Qualität der Feedbacks, die sie von Ihnen bekommen, einverstanden sind. Oder, falls Ihre Mitarbeiter erst einmal an diese Form der Offenheit herangeführt werden müssen: „Was kann ich besser machen, wenn ich Feedback gebe?" Und vergessen Sie nicht die wichtige Botschaft, die Sie in zahlreichen Feedback-Workshops mitbekommen haben: keine Rechtfertigung!

Nachwort

Und was ist mit mir? Auch Top-Manager brauchen Inspiration

Bei aller Unterschiedlichkeit der Organisationen und Erfahrungshintergründe unserer Gesprächspartner – es gibt einen weitgehenden Konsens, dass es „da oben einsam ist." Der langjährige CEO, der seinem Nachfolger zu bedenken gab, „ab jetzt sagt dir keiner mehr die Wahrheit, außer deiner Frau", hat das nicht hundertprozentig ernst gemeint. Und schon gar nicht soll unterstellt werden, dass man als Chef öfter angelogen wird. Was allerdings selbst in sehr guten Unternehmenskulturen nicht weg zu diskutieren ist, ist das Machtgefälle. Wenig hilfreich und fair ist es, so zu tun, als stünde man mit den Geführten auf derselben Stufe. Die sind sich nämlich der größeren Macht der Chefin oder des Chefs sehr bewusst und erwarten Führung, keine Kumpelei. Auch Führungskräfte, die es wirklich gut meinen mit ihren Mitarbeitern, müssen schmerzhafte Entscheidungen treffen. „Es gibt so viel Druck und harte Themen. Man muss wirklich aufpassen, nicht zum emotionalen Kühlschrank zu werden", so schilderte es eine unserer Gesprächspartnerinnen. Dass es in den letzten Jahren verstärkt zu Überforderung und nachlassender Motivation bei Führungskräften kommt, bestätigt die St. Galler Längsschnittstudie von Heike Bruch zu New Work und Culture mit über 93.000 Befragten aus mehr als 500 Unternehmen: „Im Jahr 2021 gaben drei Viertel der Führungskräfte an, dass sie überzogen hohe Anforderungen bewältigen müssen, und knapp ein Drittel, dass sie am liebsten kündigen würden."

Wir sind überzeugt, dass inspirierende Führung die Führungsqualität und damit den nachhaltigen Erfolg einer Organisation verbessert. Uns ist aber auch klar, dass das Konzept anspruchsvolle Anforderungen an die Führenden stellt. Hinzu kommt, sich auf der Top-Ebene um eine Vielzahl weiterer Anspruchsgruppen kümmern zu müssen. Neben Kunden und Investoren zählen dazu zunehmend auch Politik und NGOs. Die öffentliche Sichtbarkeit nimmt stark zu. „Der Lärmpegel um die Person ist gigantisch – was macht das mit dem Menschen?“, so reflektiert einer unserer Gesprächspartner seine Rolle als CEO. Mit der Sichtbarkeit erhöht sich auch die Zahl der Fallstricke, über die man sehr schnell stolpern kann, wenn man nicht jederzeit und überall mit voller Wachsamkeit unterwegs ist. In der permanent erregten Dauerschleife digitaler Kommunikationsfetzen reicht manchmal ein leichtfertig gesprochener Satz, um ins Schleudern zu geraten.

Gefahr droht aber vor allem in dem Moment, in dem man beginnt, all das auf seine Person zu beziehen und zu glauben, was der Funktion zugesprochen wird – Macht, Wissen, Kontakte, Weitsicht, Stärke. Mit anderen Worten, wenn man beginnt, das Gefühl für die Realitäten der Organisation zu verlieren. Wirklich gefeit ist davor auf Dauer niemand, jedenfalls nicht automatisch. Es hilft, Menschen im Unternehmen zu identifizieren, die sich nicht scheuen, auch dem CEO Feedback zu geben und andere Blickwinkel anzubieten.

Viele unserer Gesprächspartner betonen aber auch, wie wichtig darüber hinaus ein „geschützter Raum“ ist, in dem man Dinge frei von den Zwängen der Funktion besprechen und reflektieren kann. Die Gestalten, die ein solcher

Raum annehmen kann, sind höchst vielfältig. Sie reichen von der Familie über gute Freunde, Sport, Musik, Kunst und anderen Hobbys bis zu Coachings und Exerzitien. Das gilt allerdings nur, wenn diese Bereiche nicht ausschließlich unter einer beruflichen Nutzenorientierung gewählt und bespielt werden.

Karl-Ludwig Kley, selbst langjähriger Vorstandschef (Merck) und Aufsichtsratsvorsitzender (Eon, Lufthansa), weist in seinem Buch „Die Kunst guten Führens" darauf hin, dass, wer keine Interessen jenseits des Berufs hat, kaum eine gute Führungskraft werden kann: „Führung braucht Privatleben. Privatleben stärkt Führung. Geistige Beschäftigung mit anderen Dingen fördert die Konzentration auf die Führungsaufgabe."

Wir glauben, da hat er recht. Inspiration entsteht jedenfalls nicht, indem man funktionalistisch darangeht, seine Arbeitskraft möglichst effizient wiederherzustellen. Wer den beruflichen Leistungsdruck ins Private verlängert, lebt selten gesünder. Das betrifft übrigens vielfach auch die eigene Partnerschaft. Ist die Art und Weise, in der wir unsere engste Beziehung gestalten, Ausdruck von Wachstum und wechselseitiger Inspiration oder eher ein Tauschgeschäft? Erich Fromm beschreibt diese „funktionierenden Teams" sehr eindrücklich: „Beziehungen dieser Art laufen alle auf die gut geölte Beziehung zwischen zwei Menschen hinaus, die sich ihr ganzes Leben lang fremd bleiben, die nie zu einer Beziehung von Personmitte zu Personmitte gelangen, sondern sich lediglich höflich behandeln und versuchen, es dem anderen etwas leichter zu machen. ... Man schließt zu zweit einen Bund gegen die Welt und hält dann diesen égoisme à deux irrtümlich für Liebe und Vertrautheit."

Es bedarf nicht viel Fantasie, um sich vorzustellen, wie diese Beziehungen unter Belastung erodieren. In unseren Coachings erleben wir nicht selten Menschen, denen der hohe Druck, unter dem sie stehen, anzumerken ist. Man braucht dann kein Psychologiestudium, um die Antwort auf die Frage: „Und, wie läuft es in Ihrer privaten Welt, konkret in Ihrer Beziehung?" vorempfinden zu können. Ihre private Seite, speziell Ihre Beziehung, wird nur dann zu einer lebendigen Quelle, wenn Sie diese besondere Gemeinschaft nicht als Boxenstoppfunktion missbrauchen: kurz reinfahren, Reifenwechsel, auftanken und dann schnell wieder raus. Wir können Ihnen nur ans Herz legen, Beziehungen mit Menschen, die Ihnen guttun, die das Beste in Ihnen zum Vorschein bringen, zu pflegen. Und ja, von den anderen Beziehungen trennen Sie sich besser.

Beobachten Sie sich selbst: Bei wem habe ich das Gefühl, mich ohne Anstrengung oder gar Überwindung auf ein Thema einlassen zu können? Wann vergesse ich die Zeit? Wo und durch wen oder was komme ich auf neue Ideen? Mit wem kann ich die Sorgen und Zwänge meiner beruflichen Aufgabe angstfrei teilen?

Am Ende unserer Überlegungen möchten wir uns gern noch einmal direkt an Sie wenden. Sie haben mit der Rolle als Führungskraft eine Verantwortung übernommen. Dieser Verantwortung gerecht zu werden, setzt Reflektion und bei Bedarf Anpassung Ihres Handelns voraus. Die Veränderungen in der Arbeitswelt bedeuten für jeden von uns eine Neuorientierung in all unseren Gewohnheiten. Den Denk- und Reflektionsrahmen, den wir Ihnen angeboten haben und den wir inspirierende Führung genannt haben, kann nur der Ausgangspunkt für Ihre eigenen Überlegungen und Ihren eigenen Weg sein.

Wir alle haben die Wahl, welche Führungskraft wir sein wollen. Das mögen Sie dementieren mit dem Verweis auf strukturelle und personelle Gegebenheiten in Ihrem Unternehmen. Und vielleicht haben Sie damit recht. Es mag in Ihrer Umgebung nicht zum Besten bestellt sein. Es mag nicht leicht sein, sich den Gegebenheiten entgegenzustellen. Aber machen Sie sich klar, dass niemand Sie daran hindern kann, in Ihrem eigenen Verantwortungsbereich die Führungskraft zu sein, die Sie sich als junger Mitarbeiter gewünscht hätten. Sie können sich jederzeit selbst ermächtigen. Die Entscheidung liegt bei Ihnen. Diese Verantwortlichkeit beschreibt der peruanische Literaturnobelpreisträger Mario Vargas Llosa in seinem autobiografischen Essay, Vom Ruf der Horde, auf inspirierende Weise:

„Das menschliche Schicksal steht nicht geschrieben, ist kein Menetekel an der Wand. Individuen und Gesellschaften können geografische, gesellschaftliche und kulturelle Konditionierungen überwinden und die Ordnung der Dinge durch ihr Verhalten ändern, können bestimmte Entscheidungen treffen und sich gegen andere aussprechen, und eben deshalb, weil ihnen diese Marge an Freiheit immer gegeben ist, sind sie auch verantwortlich für ihr eigenes Schicksal."

Die Grenzen unserer Gestaltung sind weiter, als wir gemeinhin hoffen. Daher möchten wir Ihnen im Sinne von Max Weber zurufen, nicht allzu häufig hinter einer Gesinnungsethik Schutz zu suchen, sondern sich im Sinne der Verantwortungsethik zu stellen und Ihren Teil beizutragen, um andere zu inspirieren. Sie fördern damit nicht nur die Entwicklung des Unternehmens, sondern vor allem die der Menschen. Sichert Ihnen das die Zustimmung aller Beteiligten? Wahrscheinlich nicht. Jeder, der etwas außer der Norm tut, der sich engagiert, ist von Kritikern und Besserwissern umstellt. Daran wird es nie mangeln. Vielleicht ermutigt Sie eine besondere Ansprache. Am 23. April 1910 hielt der frühere US-Präsident Theodore Roosevelt an der Sorbonne eine Rede mit dem Titel „Citizenship in a Republic". Eine bekannte Passage lautet:

„Nicht der Kritiker zählt; nicht derjenige, der darauf aufmerksam macht, wie der Starke fällt oder wo der, der anpackt, es besser hätte machen können. Die Anerkennung gebührt dem, der tatsächlich in der Arena steht, dessen Gesicht staubig und verschwitzt und voller Blut ist; der sich wacker bemüht; der sich irrt, der wieder und wieder scheitert, weil es kein Bemühen ohne Fehler und Schwächen gibt; aber der sich tatsächlich bemüht, Taten zu vollbringen; der großartige Begeisterung, großartige Hingabe kennt; der seine Kraft auf eine ehrenwerte Sache verwendet; der im besten Falle am Ende den Triumph einer großen Leistung kennt und der, im schlimmsten Falle, sollte er scheitern, zumindest bei einem kühnen Versuch scheitert, so dass sein Platz nie bei den kalten und furchtsamen Seelen ist, die weder Sieg noch Niederlage kennen."

Wir haben Ihnen im ersten Kapitel zwei Fragen gestellt. An welche Führungskraft in Ihrer beruflichen Karriere oder an welchen Lehrer in Ihrer Schulzeit erinnern Sie sich? Und an wen erinnern Sie sich sogar gern? Wir gehen davon aus, dass es Menschen gegeben hat, die in Ihrem Leben einen entscheidenden Beitrag dazu geleistet haben, Sie zu der Persönlichkeit werden zu lassen, die Sie heute sind. Sie haben Sie inspiriert, haben in Ihnen Potenziale gesehen und geweckt, die es Ihnen ermöglicht haben, Ihren Weg zu gehen. Wo wären Sie ohne diese Menschen heute? Und nun stellen Sie sich vor, Sie wären ein solcher Mensch für andere.

Sie wären ein Beitragender, damit andere ihre Potenziale entfalten können. Was wir in anderen bewirken, ist letztlich das, was unser Handeln wertvoll macht. Sinnvoll gelebt ist jeder Tag, an dem andere durch unseren Beitrag wachsen und sich entfalten konnten.

Dank

An diesem Buch haben nicht nur die beiden Autoren gearbeitet. Daher haben wir vielen Menschen zu danken, für ihre Zeit und vor allem ihr Engagement. Wir bedanken uns sehr herzlich bei Paul Achleitner, Michael Diederich, Hans-Lothar Domröse, Michael Heidemann, Marion Horn, Carina Kozole, Christian Kullmann, Daniel Metzler, Edna Schöne und Joachim von Schorlemer. Sie haben uns in ausführlichen und sehr persönlichen Gesprächen Einblick in ihre langjährige Führungspraxis gewährt und uns auf diese Weise den „reality check“ ermöglicht, der uns darin bestärkt hat, dass inspirierende Führung möglich ist. Unser Dank für eine inspirierende Gestaltung des Umschlags für dieses Buch gebührt Saulo Santana.

Für weitergehende Informationen besuchen Sie bitte unsere Webseite: iFührung.de

Literaturverzeichnis

Achor, Shawn et al.: Mitarbeiterentwicklung, HBR, 2018.

Apello, Jurgen: Management 3.0, Addison-Wesley, 2010.

Axelrod, Robert: Die Evolution der Kooperation, Oldenbourg, 1988.

Baecker, Dirk: Organisation und Management, Suhrkamp, 2003.

Baumeister, Roy et al.: Die Macht des Schlechten, Campus, 2020.

Bodanis, David: The Art of Fairness, The Bridge Street Press, 2020.

Bregman, Rutger: Im Grund gut, Rowohlt, 2020.

Bruch, Heike et al.: Inspirierend-multimodale Führung, Zeitschrift für Führung und Organisation, 6/2022.

Bruch, Heike et al.: Leadership im Umbruch, Zeitschrift Personalführung, 2/2023.

Buckingham, Marcus: Entdecken Sie Ihre Stärken, Campus, 2007.

Buckingham, Marcus: Lieben sie ihre Arbeit?, Harvard Business Manager, 2022.

Burns, James MacGregor: Leadership, HarperCollins, 1978.

Clear, James: Atomic Habits, Avery, 2018.

Cialdini, Robert B.: Die Psychologie des Überzeugens, Hogrefe, 2017.

Cohen, Taya R. et al.: Moral character in the workplace, Journal of Personality and Social Psychology, 2015.

Dalio, Ray: Principles: Life and Work, Simon & Schuster, 2017.
Damasio, Antonio: Descartes' Irrtum, List, 1997.
Damasio, Antonio: Der Spinoza-Effekt, List, 2003.
de Shazer, Steve: Der Dreh, Carl-Auer-Verlag, 2015.
Dörr, Anne-Sophie: New Work – Ist laterale Führung die Antwort auf Verantwortlichkeit?, 2022.
Edmonson, Amy: The Fearless Organization, Wiley, 2018.
Fink, Larry: Blackrock-CEO Larry Fin: Der Kapitalismus ist zu weit gegangen, Interview Handelsblatt, 2019.
Frankl, Viktor E.: Der Wille zum Sinn, Piper, 1997.
Fromm, Erich: Die Kunst des Liebens, dtv, 1998.
Gable, Shelly et al.: What do you do when things go right?, Journal of Personality und Social Psychology, 2004.
Goleman, Daniel: Emotionale Intelligenz, Carl Hanser, 1996.
Grant, Adam: Nonkonformisten, Droemer, 2016.
Grant, Adam: Think again, Viking, 2021.
Grove, Andy: Only the Paranoid Survive, Broadway Business, 1996.
Gruenfeld, Deborah: Acting with power, Profile Books, 2020.
Hastings, Reed; Meyer, Erin: Keine Regeln, Econ, 2020.
Holiday, Ryan: Ego is the Enemy, Portfolio, 2016.
Kahnemann, Daniel: Schnelles Denken, langsames Denken, Penguin Verlag, 2012.
Kissinger, Henry: Leadership, Penguin Random House, 2022.
Kley, Karl-Ludwig; de Maizière, Thomas: Die Kunst guten Führens, Verlag Herder, 2021.

Kluge, Alexander: Träume sind die Nahrung auf dem Weg zum Ziel, brand eins, 2009.
Lay, Rupert: Ethik für Manager, Econ, 1989.
Lencioni, Patrick: The five dysfunctions of a team, Jossey-Bass, 2002.
Llosa, Maria Vargas: Der Ruf der Horde, Suhrkamp, 2019.
Luhmann, Niklas: Vertrauen. Ein Mechanismus der Reduktion sozialer Komplexität, Enke, 1973.
Maio, Gregory; Haddock, Geoffry; Verplanken, Bas: The Psychology of Attitude and Attitude Change, Sage Publications, 2018.
Malberger, Lara: Zu schön, um wahr zu sein!, Zeit online, 2017.
Niiya, Yu: Does a Favor Request Increase Liking Toward the Requester? The Journal of Social Psychology, 2014.
Palanski, M.E.; Yammarino, F.J.: Integrity and Leadership, European Management Journal, 2007.
Pink, Daniel H. Drive: Riverhead Books, 2011.
Precht, Richard David: Freiheit für alle, Goldmann, 2022.
Rosa, Hartmut: Resonanz, Suhrkamp, 2019.
Salovey, Peter et al.: Emotional Intelligence, National Professional Resources, 2004.
Scheuermann, Ulrike: Innerlich frei, Knaur, 2016.
Schnell, Christian: Oliver Bäte fällt immer wieder aus der Rolle – bleibt er CEO?, Handelsblatt, 2023.
Seel, Martin: 111 Tugenden, 111 Laster, Fischer, 2014.
Siefer, Werner: Der Erzählinstinkt, Hanser, 2015.
Siegrist, Johannes: Arbeitswelt und stressbedingte Erkrankungen, Urban & Fischer, 2015.
Sprenger, Reinhard K.: Vertrauen führt, Campus, 2007.
Sprenger, Reinhard K.: Radikal führen, Campus, 2012.

Stokes, Jon: Leadership – Charismatic or Inspiring? An inquiry into regressive and developmental forms of leadership, in: Maccoby, Michael and Cortina, Mauricio: Leadership, Psychoanalysis and Society, Routledge, 2022.

Subotić, Neven: Alles geben, Kiepenheuer&Witsch, 2022.

Sutton, Robert: The No Asshole Rule, Business Plus, 2007.

Uhle, Christian: Wozu das alles?, S. Fischer, 2022.

Unger, Eugen et al.: Vom Mut neu zu denken, FAZ Verlag, 2020.

Weber, Max: Typen der Herrschaft, Reclam, 2019.

Weber, Max: Wirtschaft und Gesellschaft, J.C.B. Mohr, 1976.

Weibler, Jürgen: Bescheidenheit ist machtvoll, 2018.

Zur Bonsen, Matthias et al.: Appreciative Inquiry, Beltz, 2012.